氧化锌和氮化铝薄膜制备与表征实例

赵祥敏　赵文海　著

北　京
冶金工业出版社
2015

内 容 提 要

本书以实例的形式，介绍了用磁控溅射法制备氧化锌（ZnO）薄膜、氮化铝（AlN）薄膜和ZnO/AlN复合膜的详细工艺和性能表征。全书共分8章，第1章主要介绍ZnO的晶体结构、能带结构、性能与应用；第2章主要介绍AlN的晶体结构、能带结构、性能与应用；第3章主要介绍ZnO和AlN薄膜的常用制备方法及性能表征手段；第4~6章分别介绍了AlN薄膜、ZnO薄膜、ZnO/AlN复合膜的制备方法与性能表征；第7章主要介绍不同溅射时间下AlN缓冲层对ZnO薄膜的影响；第8章主要介绍退火温度对N掺杂ZnO薄膜的影响。

本书可供从事薄膜材料、功能材料、半导体材料及其相关器件研究等领域的科研人员、工程技术人员阅读，也可作为高等院校材料、物理、化学、电子等相关专业师生的参考书籍。

图书在版编目(CIP)数据

氧化锌和氮化铝薄膜制备与表征实例/赵祥敏，赵文海著. —北京：冶金工业出版社，2015.6

ISBN 978-7-5024-6917-7

Ⅰ.①氧…　Ⅱ.①赵…　②赵…　Ⅲ.①氧化锌—薄膜技术　②氮化铝—薄膜技术　Ⅳ.①TB43

中国版本图书馆CIP数据核字（2015）第111609号

出版人　谭学余
地　　址　北京市东城区嵩祝院北巷39号　邮编　100009　电话　(010)64027926
网　　址　www.cnmip.com.cn　电子信箱　yjcbs@cnmip.com.cn
责任编辑　夏小雪　美术编辑　彭子赫　版式设计　孙跃红
责任校对　郑　娟　责任印制　李玉山
ISBN 978-7-5024-6917-7
冶金工业出版社出版发行；各地新华书店经销；三河市双峰印刷装订有限公司印刷
2015年6月第1版，2015年6月第1次印刷
148mm×210mm；4.5印张；133千字；132页
25.00元

冶金工业出版社　投稿电话　(010)64027932　投稿信箱　tougao@cnmip.com.cn
冶金工业出版社营销中心　电话　(010)64044283　传真　(010)64027893
冶金书店　地址　北京市东四西大街46号(100010)　电话　(010)65289081(兼传真)
冶金工业出版社天猫旗舰店　yjgycbs.tmall.com

（本书如有印装质量问题，本社营销中心负责退换）

前 言

曾有科学家将过去的20世纪称为电子学的世纪。直至现在，20世纪已经过去十多年，更有科学家预言了21世纪将是光学和光电子学的世纪。半导体材料已经成为21世纪信息社会高技术产业的基础材料。回顾半导体材料的发展历史，其经历了几次大的变革。1948年，锗晶体管的诞生打破了电子管一统天下的局面，引起了电子工业的革命，人类从使用电子管的时代进入半导体时代。进入20世纪60年代，以硅氧化和外延生长为先导的硅平面器件工艺的形成，使硅基集成电路的研制获得成功，引起了以集成电路为核心的微电子工业的飞速发展，而大规模的集成电路已成为微电子技术的核心，为航天技术、高速计算技术等高科技的发展提供了条件，促进了整个社会的技术革命。随着科学技术的进一步发展，以GaAs为代表的第二代半导体材料应运而生，它们电子迁移率高，是目前制备高速半导体器件、高亮红光发射二极管(LEDs)和红外激光器(LDs)的基础材料。第三代半导体材料的兴起，是以GaN材料p型掺杂的突破为起点，以高效蓝光LED和LD的研制成功为标志。

ZnO是继GaN之后出现的又一种宽禁带半导体材料，它有着与GaN相似的晶体结构，在某些方面具有比GaN更优越的性能。ZnO室温带隙约为3.37eV，激子结合能高达60meV，远大于其室温下的离化能26meV；ZnO的熔点高达1975℃，具有很高的化学和热稳定性，抗辐射能力强，远远超过GaN；ZnO薄膜是一种光学透明薄膜，纯ZnO及其掺杂薄膜具有优异的光电性能，用途广阔，而且原料易得、价廉、毒性小，是最有开发潜力的薄膜材料之一。自1998年ZnO薄膜的室温紫外受激发射报道以来，ZnO成为继GaN之后光电子领域内又一研究热点。

ZnO薄膜通常沿着[0001]方向优先生长，即具有c轴择优取向。在多晶和非晶衬底上通常只能得到六方柱状多晶薄膜；在单晶衬底（如c面或a面蓝宝石单晶片）上可以实现ZnO外延薄膜的生长；在r面蓝宝石衬底上则可以得到（$11\bar{2}0$）取向的ZnO外延薄膜。衬底不同会对ZnO外延薄膜的质量产生很大影响，一般来说，衬底选择主要考虑以下几个因素：（1）衬底材料的晶体结构与ZnO的晶体结构类似；（2）衬底与ZnO之间的晶格失配小；（3）衬底与ZnO的线膨胀系数接近；（4）衬底热稳定性和化学稳定性高。ZnO体单晶衬底自然是ZnO薄膜最好的衬底材料，但目前价格还比较昂贵，只适合于科研用途。蓝宝石衬底由于在GaN材料中取得的巨大成功，被视为ZnO理想的异质衬底材料，人们已经在蓝宝石衬底上生长得到了高质量的ZnO外延薄膜。Si和GaAs材料已经在半导体工业中得到了大规模的应用，如果ZnO光电器件能够与这些成熟的半导体工艺相集成，将有不可估量的发展前景。所以，Si和GaAs也成为近年来人们选择较多的ZnO衬底材料。另外，日本科学家以与ZnO晶格失配很小（约0.09%）的$ScAlMgO_4$（SCAM）晶体作衬底，外延生长出优质的ZnO薄膜，并成功制备出ZnO/ZnMgO多量子阱和超晶格结构，但SCAM衬底价格昂贵，且不易获得。

大量研究表明，在Si衬底上生长ZnO薄膜具有重要的意义，但是由于Si与ZnO的晶格常数及线膨胀系数的失配度均很大，难以实现高质量ZnO薄膜的外延生长，因此采用中间缓冲层是一种值得研究的工艺。由于AlN和ZnO具有相同的六方纤锌矿结构，而且两者晶格失配度较小，线膨胀系数相近，所以可作为生长ZnO薄膜的缓冲层，并可改善ZnO/AlN界面结构。

本书重点探讨了以AlN作为ZnO的缓冲层来制备和研究ZnO薄膜的性能，因此不但对ZnO做了详细的介绍，同时也对AlN做了详尽的介绍。

本书由牡丹江师范学院的赵祥敏主持撰写和统稿，黑龙江商业职业学院的赵文海参加了第1章、第2章和第3章第1、2节的撰写。

本书在编写过程中，参阅了大量国内外有关的著作、硕博士论文和期刊文献，在此谨对撰写这些文献的同志表示衷心的感谢！

ZnO薄膜目前还处于研究阶段，有些成果尚未得到统一认识，限于编者学识有限，疏漏和不当之处在所难免，敬请读者批评指正！

著 者

2015年2月

目　录

1 ZnO 概述

ZnO 是Ⅱ-Ⅵ族化合物，室温下带隙宽度为 3.37eV，具有紫外截止特性，ZnO 薄膜的电阻率高于 $10^{-8}\Omega\cdot cm$。改变生长、掺杂或退火条件可形成简单半导体，导电性能大幅提高，电阻率可降低到 10^{-2} $\Omega\cdot cm$数量级。ZnO 还具有熔点高、制备简单、沉积温度低和较低的电子诱生缺陷等优点。硅基生长的 ZnO 有希望将光电子器件制作与传统的硅平面工艺相兼容。另外，在透明导电膜的研究方面，掺铝 ZnO 膜（AZO）也有同 ITO 膜可比拟的光学电学性质。

ZnO 薄膜的高电阻率与单一的 c 轴结晶择优取向决定了它具有良好的压电常数与机电耦合系数，可用作各种压电、压光、电声与声光器件。因具有电阻率随表面吸附的气体浓度变化的特点，ZnO 薄膜还可用来制作表面型气敏元件。通过掺入不同元素，可应用于还原性酸性气体、可燃性气体、CH 族气体探测器、报警器。此外，它还在蓝光调制器、低损失率光波导、液晶显示、光催化、电子摄影机、热反射窗等领域具有潜在应用。

1999 年 10 月，在美国召开的首届 ZnO 专题国际研讨会，认为“目前 ZnO 的研究如同 Si、Ge 的初期研究”。世界上逐渐掀起了 ZnO 薄膜研究开发应用的热潮[1]。

1.1 引言

在高技术行业，薄膜科学与技术起着关键性的作用。薄膜在光学仪器上的应用是众所周知的。薄膜材料的开发和研究关系到信息技术、微电子技术、计算机科学技术等领域的发展方向和进程。在一定意义上讲，可以认为集成电路的制造过程就是将各种图形转移到各种薄膜上的过程。在诸如太阳能转换器、表面声波器件和超导元件等领域中，薄膜同样也是关键性的组成部分。在信息存储普遍应用的今天，存储密度在日新月异的快速发展，它在很大程度上依赖于磁性薄膜的研究。光电薄膜也是重要的信息功能材料。

薄膜与日俱增广泛地进入人类生活领域，如透光材料在建筑、装潢等方面被广泛应用，在房屋、车辆、太阳能电池、太阳能热水器等的透明光窗上采用增透、防辐射和反射等薄膜[2]。

近年来，由于光电子器件潜在的巨大市场，使光电材料成为研究的重点。ZnO 薄膜是一种光学透明薄膜，纯 ZnO 及其掺杂薄膜具有优异的光电性能，用途广阔，而且原料易得、价廉、毒性小，成为最有开发潜力的薄膜材料之一。

ZnO 薄膜通常沿着（002）面方向优先生长，即具有 c 轴择优取向。在多晶和非晶衬底上通常只能得到六方柱状多晶薄膜；在单晶衬底（如 c 面或 a 面蓝宝石单晶片）上可以实现 ZnO 外延薄膜的生长。衬底不同会对 ZnO 外延薄膜的质量产生很大影响，一般来说，衬底选择主要考虑以下几个因素：（1）衬底材料的晶体结构与 ZnO 的晶体结构类似；（2）衬底与 ZnO 之间的晶格失配小；（3）衬底与 ZnO 的线膨胀系数接近；（4）衬底热稳定性和化学稳定性高。

大量研究表明，在 Si 衬底上生长 ZnO 薄膜具有重要的意义，但是由于 Si 与 ZnO 的晶格常数及线膨胀系数的失配度均很大，难以实现高质量 ZnO 薄膜的外延生长，因此采用中间缓冲层是一种值得研究的工艺[3]。由于 AlN 和 ZnO 具有相同的六方纤锌矿结构，而且两者晶格失配度较小，线膨胀系数相近，所以可作为生长 ZnO 薄膜的缓冲层，并改善 ZnO/AlN 界面结构。

本章将对 ZnO 的晶体结构、形态、能带结构、基本性质、应用、缺陷与掺杂等方面做简要介绍。

1.2 ZnO的晶体结构

ZnO 最普通的晶体结构是纤锌矿结构，另一种稳定的晶体结构是闪锌矿结构，它的晶格能量稍高[4]，还有一种是在高压下稳定的岩盐矿结构，三种结构如图 1-1 所示。通常，ZnO 在 9.5GPa 的压强下，能由纤锌矿结构转化为岩盐矿结构。六方纤锌矿结构是 ZnO 的热稳定相，它具有六方对称性。Zn 原子和 O 原子各自组成一个六方密堆积结构的子格子，这两个子格子沿 c 轴平移 0.385c 套构形成纤锌矿结构。每个 Zn 原子最近邻的四个 O 原子构成一个四面体结构，同样，每个 O 原子与最邻近的四个 Zn 原子构成一个四面体。Zn 原子和 O 原子相互四面体配位，从而 Zn 和 O 原子在位置上是等价的。Zn 原子的 3d 电子和 O 原子的 2p 电子发生杂化从而形成共价键。

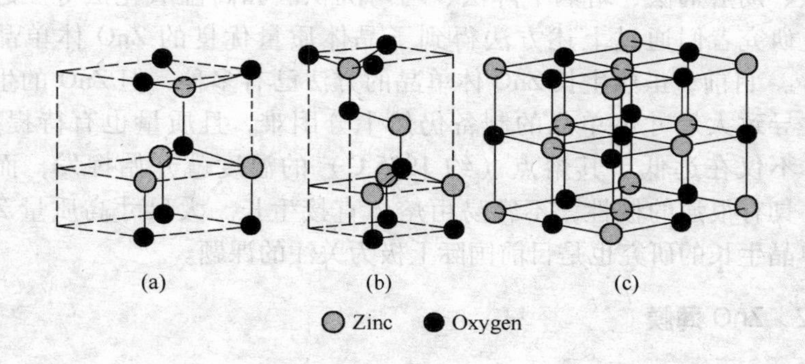

图 1-1 ZnO 的三种晶体结构
（a）纤锌矿；（b）闪锌矿；（c）岩盐矿

ZnO 的晶胞结构如图 1-2 所示，ZnO 纤锌矿的晶格常数是 $a = 0.325$nm，$c = b = 0.521$nm。ZnO 的纤锌矿结构相当于 O 原子构成简单六方密堆积，Zn 原子则填塞于半数的四面体空隙中，而半数四面体空隙是空的。这种纤锌矿结构相对开放，外来掺杂物容易进入 ZnO 的晶格。这种开放结构也影响到缺陷的性质和扩散机制，最普通的缺陷是填隙 Zn 原子和 O 空位[2]。

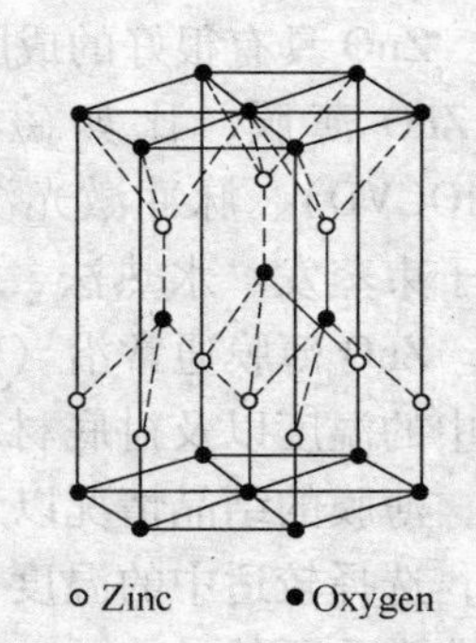

图 1-2 ZnO 纤锌矿晶胞结构

1.3 ZnO 的结构形态

ZnO 以矿物的形式存在于自然界中，人们在研究过程中发现 ZnO 有粉体、陶瓷、单晶体、薄膜和纳米材料等多种形态。本节主要介绍 ZnO 的体单晶、薄膜和纳米结构。

1.3.1 ZnO体单晶

ZnO体单晶材料的生长无论是对其理论研究还是实际应用都具有重大的意义，是制备ZnO基发光器件的一种重要的衬底材料。

迄今为止，生长ZnO体单晶的方法很多，主要包括水热法、气相法、助溶剂法、坩埚下降法、均匀沉积法和高温氧化法等。近年来，研究者们通过上述方法得到了晶体质量优良的ZnO体单晶材料[5]。目前，虽然生长ZnO体单晶的方法已有多种，但ZnO的生长习性导致大尺寸体单晶的制备仍然十分困难，且质量也有待提高。ZnO不仅在远低于其熔点（约1975℃）的温度就开始挥发，而且ZnO具有很强的极性，不容易由熔体直接生长。大尺寸高质量ZnO体单晶生长的研究也是目前国际上极为关注的课题。

1.3.2 ZnO薄膜

ZnO薄膜广泛应用于ZnO的研究及应用中。制备性能优良的ZnO薄膜（特别是获得稳定可重复的p型ZnO薄膜）是实现ZnO基光电器件大规模应用的前提。

ZnO具有很好的成膜性，常用的薄膜制备技术几乎都可以用来生长ZnO薄膜，比如磁控溅射（MS）、金属有机化学气相沉积（MOCVD）、脉冲激光沉积（PLD）、分子束外延（MBE）、热蒸发、电子束蒸发、水热法、溶胶凝胶法、原子层沉积法以及喷雾热解法等。ZnO薄膜通常沿（002）方向择优生长（即c轴方向），生长过程中的温度以及衬底材料的选择是影响ZnO薄膜成膜质量的重要因素，薄膜的结晶情况以及表面平整度是薄膜质量表征的基本指标。因此，选择较适中的温度、衬底以及制备手段对制备高质量ZnO薄膜是非常重要的。

1.3.3 ZnO纳米结构

纳米ZnO作为优异的半导体氧化物材料是目前研究的最热门课题之一。在光电和化学方面等表现出优越性能，主要体现在纳米ZnO具有量子限域效应和载流子传输、紫外激光发射、紫外吸收、压电以及光催化等方面的性质。

制备 ZnO 纳米材料的方法有很多，包括 PLD、PECVD、MOCVD、MBE、MS、热蒸发法、气相模板法、喷雾热解法、溶剂热法、水热法、微乳液法、有机物辅助热液法、化学反应自组装法、液相模板法以及光刻等。不同形貌的 ZnO 纳米材料的性能各不相同。近年来，为了能提高纳米 ZnO 材料的性能或者挖掘新的性能，国内外研究者对 ZnO 量子点、纳米线、纳米棒、纳米管、纳米带、量子阱、纳米巢等进行了大量研究[6]。

1.4 ZnO 的能带结构

ZnO 是一种直接宽禁带半导体材料，室温下的禁带宽度为 3.37eV。因为六角纤锌矿结构的对称性比较低，ZnO 的能带结构比较复杂。ZnO 中由于自旋-轨道分裂和晶体场分裂而形成的能带图如图 1-3 所示。ZnO 的导带呈 s 型，具有 Γ_7 对称性；价带呈 p 型，由于自旋-轨道分裂和晶体场分裂的影响，价带顶部（VBM）将会分裂为三个二重简并的价带能级，自上而下依次称为 A、B、C 能级，对应于不同自由激子的发射态，分别具有 Γ_7、Γ_9、Γ_7 对称性，其中 A、B 能级的间距为 4.9meV，B、C 能级的间距为 43.7meV。能带间隙与温度之间的依赖关系可以持续到 300K，遵循式（1-1）所示关系[7]。

$$E_g(T) = E_g(T = 0) \frac{5.05 \times 10^{-4} T^2}{900 - T} \tag{1-1}$$

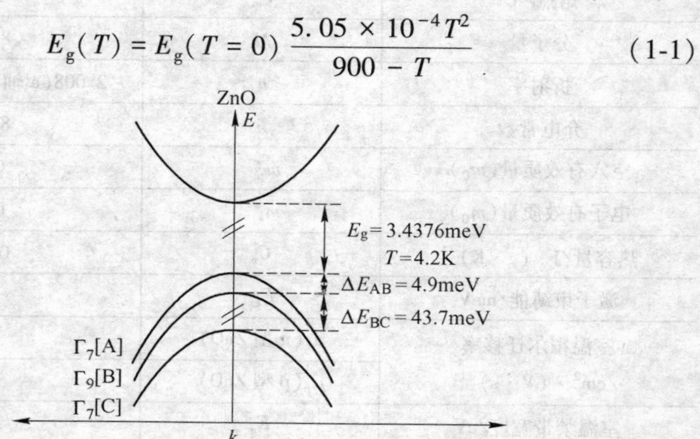

图 1-3 ZnO 中由于自旋-轨道分裂和晶体场分裂而形成的能带图

1.5　ZnO 的基本性质

ZnO 是一种新型的宽禁带 n 型半导体材料，禁带宽度为 3.37eV，具有良好的热稳定性、较强的抗辐射损失能力和独特的光学、电学性质，且具有无毒性、无污染、难溶于水、易溶于强碱和酸等优点。由于其激子束缚能高达 60meV，具有较强的紫外受激辐射，可以代替宽禁带半导体 GaN，在短波长激光器件方面具有广泛的应用。在太阳能电池中，ZnO 由于具有较强的抗辐射损失能力，可以应用在太空的恶劣环境中。宽禁带半导体材料还可应用于制作一些发光二极管及激光器件[8]。表 1-1 给出了 ZnO 纤锌矿结构的基本物理参数。

表 1-1　ZnO 纤锌矿的物理参数

物理参数	常用符号	数值
晶格常数	c_0	0.5207
	a_0	0.3250
热导率/W·(cm·K)$^{-1}$	σ_v	0.595（a 轴），1.2（c 轴）
密度/g·cm^{-3}	ρ	5.606
线膨胀系数/×10^{-6}K^{-1}	$\Delta a/a_0$, $\Delta c/c_0$	6.5, 3.0
压电常数/C·m^{-2}	e_{ij}	$e_{31}=0.61$, $e_{33}=1.44$, $e_{13}=0.56$
熔点/℃	T_m	1975
分子量	M	81.38
折射率	n	2.008(a 轴), 2.209(c 轴)
介电常数	ε	8.656
空穴有效质量(m_0)	m_p^*	0.59
电子有效质量(m_0)	m_e^*	0.24
热容量/J·(g·K)$^{-1}$	C_v	0.494
激子束缚能/meV	E_{ex}	60
室温霍尔迁移率 /cm^2·(V·s)$^{-1}$	μ_e(n 型 ZnO)	200
	μ_p(p 型 ZnO)	5~50
室温禁带宽度/eV	E_g	3.37
本征载流子浓度/cm^{-3}	n	$<10^6$

1.5.1 ZnO的电学性质

本征ZnO中存在大量的本征缺陷，其中由于Zn原子间隙和O原子空位等起着施主作用的因素存在，未经掺杂的ZnO一般呈现n型导电特性。DavidC. Look[9]等人研究表明，Zn间隙是潜能级施主，在ZnO呈现n型导电方面起着重要的作用。Gregory等人的研究认为，O原子空位才是ZnO具备n型导电特性的主要原因，但也有研究者认为是Zn原子间隙和O原子空位共同起作用的结果。既然ZnO的缺陷机制还没有完全的定论，因此ZnO的n型导电特性的机理还有待于进一步研究。虽然本征ZnO可以导电，但其如应用发光器件的研究，还未达到期间的基本要求，因此，目前主要通过掺杂的方法以其提高n型载流子的迁移率，降低电阻率。目前关于ZnO材料的n型掺杂技术已经较为成熟，通过在本征ZnO中掺入Al[10]、Ga[11]、In[12]等Ⅲ族杂质可以明显改善其电学性质，但是p型ZnO的制备仍然存在较大的问题，研究者认为其主要原因在于ZnO材料中大量的本征缺陷存在而引起自补偿效应作用的结果。但是，目前有报道表明已经逐渐提出了一些可能的制备p型ZnO的设想，要得到较为稳定的p型ZnO，还需要做进一步研究。

1.5.2 ZnO的光学性质

ZnO作为重要的直接宽禁带半导体材料在制备方面有着重要的应用，尤其在光电领域有着较重要的地位，因此，对ZnO光学性质的研究一直以来都是研究的重点和热点。现有的主要研究ZnO光学性质的手段包括光致发光谱、吸收谱、透射谱和电致发光谱等。若照射ZnO的光的能量大于其光学带隙(3.37eV)，价带中电子由于吸收光子具备了较大的能量而发生跃迁，并迁移至导带，可以观察到明显的光吸收现象；若照射ZnO的光的能量小于其光学带隙，则大部分光子能量不能被电子吸收而直接透过薄膜产生显著的吸收边。自D. M. Bagnall和Z. K. Tang[13]等人先后报道了ZnO光泵浦紫外发射现象后[14]，引起了国内研究人员的关注。一般研究发现，在光致发光谱和电致发光谱中包含两个峰，380nm左右出现的峰为紫外发光峰，而在400~500nm

之间出现的峰为可见光的峰。一般认为前者是由于自由激子跃迁复合形成的近带边发射[15],而对于后者有的学者认为是由于深能级缺陷导致的,也有学者认为与表面态有关,但是目前仍没有定论,存在许多争议。

1.5.3 ZnO 的其他特性

由于 ZnO 是极性晶体,在沿 c 轴的方向上存在两个极化面(Zn 极化面和 O 极化面),这样的结构特性使得 ZnO 具备很好的压电特性,压电系数为 $e_{33}=1.2C/m^2$。有研究者认为,ZnO 的压电系数与薄膜厚度和 c 轴取向性有关,随着薄膜厚度的增加压电系数增大,c 轴取向性越好压电系数越大。Wang 等人研究发现,通过掺杂的方式可以调节 ZnO 的压电系数,如用 Ni、Co、Fe 对 ZnO 进行掺杂发现其压电系数降低了,而用 Cu 进行掺杂的 ZnO 的晶格常数降低了,c 轴择优取向性生长特性增强,从而使得其压电系数升高。ZnO 的压电特性有着极其广泛的应用领域,如在高频滤波器、高能转换器、频谱分析仪等都有着重要的应用。

ZnO 容易受周围气体的影响而呈现出气敏特性,如 ZnO 置于空气中容易吸附空气中的 O 原子,由于外界 O 原子对导带自由电子的吸引作用使得 ZnO 内部载流子的迁移率降低,电阻率增大。有研究表明这主要是在境界处形成一个势垒导致的。在实验中,通过还原性气体可以除去外来的 O 原子从而改善 ZnO 的电学性质。Chen 等人研究发现 ZnO 对甲醇、乙醇和丙醇等醇类气体也具有很好的敏感性,在室温下,在醇类的氛围中 ZnO 呈现出良好的灵敏性和响应恢复特性,在室温气敏器件的开发利用方面有着广泛的应用前景。Wang 等人利用 CNT 掺杂方法提高了 ZnO 气敏器件的响应速度,响应时间约为 15s,性能特性得到了改善。通过掺杂的方法可以有效地应用于制备 ZnO 气敏元器件。

ZnO 基半导体是一种较好的稀磁半导体材料,沿 c 轴方向存在着异性极化,使得 ZnO 半导体具有较好的铁磁特性。Dietl 等人利用 Zener 模型预言了 ZnO 基半导体器件在室温可以显示出铁磁特性,Sluiter 用泛函第一理论计算并预言了过渡金属掺杂的 ZnO 可以呈现出铁磁特性。目前,已有研究者在实验中观察到了ZnO的铁磁相变特性。但是,目前在材料制备工艺方面和铁磁基本原理等方面仍然有待于研究,还没有定论[16]。

1.6 ZnO 薄膜的应用

ZnO 薄膜具有良好的透明导电性、压电性、光电性、气敏性、压敏性、铁电特性等、且易与多种半导体材料实现集成化。由于这些优异的性质,使其具有广泛的用途和许多潜在用途,如声表面波器件、平面光波导,透明电极,透明导电膜、紫外光探测器,压电器件、压敏器件、紫外发光器件、气敏传感器等。

1.6.1 声表面波器件

声表面波(SAW——Surface Acoustic Wave)是应变能集中在物体表面传播的弹性波,包含纵波分量以及质点位移方向与表面垂直的横波分量的波称为瑞利(Rayleigh)波[17]。仅由质点位移平行于表面的横波构成的波叫乐甫(Love)波。声表面波器件是利用声表面波传播时的特殊性能而研制的一类器件。目前的声表面波器件一般是利用瑞利波。1965 年,White 等人设计出了结构简单、高效的激励和检测声表面波的叉指换能器[18]以后,SAW 器件作为新型电子器件,得到迅速的发展,它被广泛用于电子通信,同时也被广泛用于材料机械性质的表征[19]。从材料表征的观点,表面声波相比其他弹性波有如下重要优点:表面声波测量因在材料的一个面上进行而容易;表面声波比体声波衰减小,因而传播较长距离但衰减较小;改变声波频率,材料在不同深度的性质可以被探测,这被用于薄膜性质的研究上。现已研制出各种声表面波器件,如滤波器、振荡器、放大器、延迟线、卷积器、存储器等,其中使用最广泛的器件主要有滤波器和延迟线。声表面波器件具有的优点是:它的传播速度比电磁波的传播速度要小 5 个数量级,因此声表面波器件体积很小,质量很轻;在声表面波传播途径中,可任意存取信号,能利用集成电路技术制造声表面波器件。

声表面波器件几乎都是以压电基片作为导声体,压电基片有单晶、陶瓷和薄膜。采用非压电衬底上的多晶压电薄膜或外延单晶压电薄膜制成的声表面波器件称为薄膜型声表面波器件。薄膜声表面波器件的声表面波传输特性由压电薄膜和衬底的特性共同决定。薄膜厚度和衬底材料都会影响表面声波的声速、器件的中心频率及延迟时间、温度特性、机电耦合系数、传播损耗等。若选用最佳条件得当,其机电耦合系数有可能比压电单晶基片的还大,这被称为薄膜效应。

ZnO 薄膜具有优良的压电性能,且有良好的高频特性[20~22],较强的机电耦合系数,低介电常数,是一种用于声表面波的理想材料[23,24]。由于 ZnO/玻璃结构的 SAW 滤波器有好的电性质、低成本和高的生产率,很适合于电视的 VHF 和 UHF 频段。SAW 延迟线可以用于可燃性气体的探测[25]。随着大容量数据传输和移动通信日益增加的需求,SAW 被要求超过 1GHz 的高频[26]。为了达到这个目的,可以通过增加表面声波速来增加频率,CVD 金刚石被认为是所有材料中有最高声速的衬底材料,相速度可达 10km/s,可以开发 2~5GHz 的 SAW 器件[27]。日本公司在蓝宝石衬底上外延 ZnO 薄膜做出了低损耗的 1.5GHz 的高频 SAW 滤波器,目前正在研究开发 2GHz 的产品。对用于 SAW 器件的 ZnO 薄膜,要求要有良好的 c 轴取向,从而具有高的声电转换效率;晶粒细小,以减少对 SAW 的散射,降低 SAW 的传输损耗;电阻率高,以降低 SAW 器件的工作损耗;薄膜中缺陷密度很低,使 SAW 的传输损耗小[28,29]。

1.6.2 紫外光电探测器

将一束光照在半导体材料上,若光的能量大于该半导体材料的禁带宽度,则在半导体材料里就会因激发而产生电子空穴对,从而使半导体材料的电阻率降低而导电性变好。这种效应就称为光电导效应,利用这一效应而制成的光探测器称为光电探测器。光电探测器的结构一般为 MSM 结构,即金属/半导体/金属结构。电极的形状一般为叉指型,其结构示意图如图 1-4 所示。

金属电极一般选用 Al,电极厚度一般在 200nm 左右,电极一般采用的是磁控溅射法沉积。叶志镇[30]等人成功制备了该种结构的 ZnO 光电导紫外探测器,实验结果表明光波长的光响应截止波长为 370nm,在 340~370nm 之间光响应度较为平坦,当波长大于 370nm 时光响应

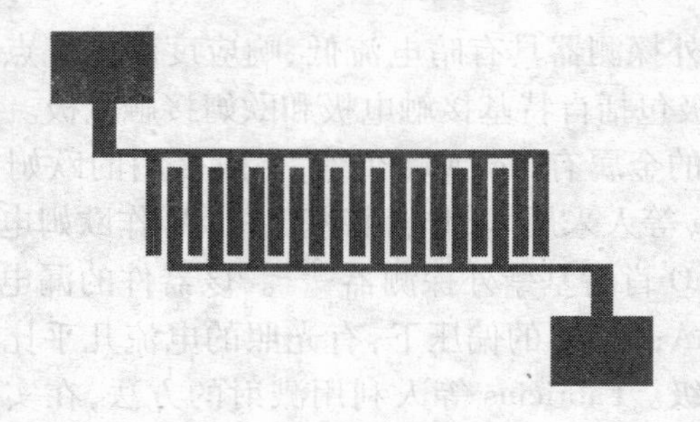

图 1-4 叉指型电极结构示意图

度急剧下降,当超过 385nm 时,光响应度随着波长的增加变化不大,其紫外光/可见光抑制比为 5。之后 Liu 等人[31]对 ZnO 光电导紫外探测器的制备工艺进行了改进,其光响应度有了明显的提高,并且响应时间也得到了改善。

光电探测器的性能指标主要包括光响应时间以及光响应度。ZnO 材料的光响应包括快速和慢速两个过程,快速过程指的是电子空穴对的产生过程,慢速过程指的是氧吸收和解吸收过程,而后者因为占用时间较长,所以在实际中是影响器件性能好坏的关键因素。因此,要想得到理想的 ZnO 光电紫外探测器,可以采取稳定其表面结构的方法以阻止和减少 O 的吸附。

虽然 ZnO 基紫外探测器的研究在国内外得到了迅速的发展,但是在机理研究与高质量 ZnO 薄膜制备等方面还有待于研究和改进,以期实现高性能的紫外探测器[16]。

1.6.3 肖特基紫外探测器

前面提到的 ZnO 紫外探测器是利用半导体材料的光电效应的原理而制备的,而通过 ZnO 材料和金属形成肖特基接触产生势垒的作用而制备的紫外探测器则称为 ZnO 光伏型紫外探测器。当半导体材料和金属形成肖特基接触时会形成一个势垒,势垒的形成则会在耗尽区中产生内建电场。当光照射在半导体上激发出电子空穴对,电子空穴对则会在内建电场的作用下在势垒两侧形成电荷积累,产生光生伏特效应。

肖特基紫外探测器具有暗电流低、响应度高的优点。结构一般为MSM结构，电极包括肖特基接触电极和欧姆接触电极。与ZnO形成肖特基接触电极的金属有Ag、Au、Pt等，一般采用的欧姆接触电极金属为Al。S. Liang等人采用Ag作肖特基电极，Al作欧姆电极制备了性能较为理想的ZnO肖特基紫外探测器[32]。该器件的漏电流很小，在5V偏压下仅为1nA；在1V的偏压下，有光照的电流几乎比无光照下电流大约5个数量级。Fabricius等人利用溅射的方法，在实验室中制备出了上升时间为20μs和下降时间为30μs的肖特基型紫外探测器件[33]。

1.6.4 稀磁半导体

ZnO沿c轴方向的极性以及极性面、表面极化的存在，使其具有铁电特性，是研究极性诱导铁电性能的理想材料。本征ZnO的居里温度约为330K，一般而言，带宽增加，居里温度也会增加。ZnO是一种很好的稀磁半导体（DMS）材料，3d过渡族金属元素在ZnO中的溶解度很高，可以高达百分之几十，常用的掺杂元素包括Mn、Ni、Fe、Co等。DMS最大的特点是其铁磁性与电子的自旋相关，ZnO基DMS薄膜可运用于电子自旋器件和场发射器件中[5]。

1.6.5 发光器件

半导体ZnO禁带宽度为3.37eV，具有较好的带边发光特性。近年来，许多国内外研究者投身对ZnO发光器件的研究，取得了令人振奋的成果。2000年，Aoki[34]等人在低温条件下，通过掺杂Zn_3P_2的方法制备了紫-白发光谱的ZnO基发光器件。2001年，Ohta[35]等人利用PLD在低温条件下，制备出发光波长在382nm的n-ZnO/p-$SrCu_2O_2$结构发光器件。2005年，H. Y. Xu[36]等人通过反应溅射的方法，在300K的条件下，制备了n-ZnO:Ga/i-ZnO/p-ZnO结构器件，经发光谱研究发现为紫外发光。2006年，叶志镇等人采用PMOCVD设备在300K条件下制备了蓝-黄光发光器件。近年来，我国虽然在ZnO基发光器件研究方面已经取得了较大的突破，在某些性能研究方面领先于世界其他国家。但是，现有的研究成果，还不能达到商业应用的水平，对于形成产业化发展还有一定的差距。随着各方面技术的改善,ZnO 的研究也会更加深入,相信在不久的将来,ZnO 基发光器件一定可以得到广泛的推广和应用。

1.6.6 气敏传感器

ZnO 的电阻率会随表面吸附气体种类和浓度的不同而变化,是一种气体敏感材料。未掺杂的 ZnO 对还原性、氧化性气体具有敏感性,经过某些元素的掺杂之后,对有害气体、可燃气体、有机蒸汽等具有良好的敏感性,如掺 Pt、TiO_2的 ZnO 对乙醇表现出敏感性。因此,ZnO 可被制成各种表面型气敏传感器,其敏感度用该气氛下的电导 G 与空气中的电导 G_0的比值 G/G_0来表示,在污染控制、火灾及毒气监测等方面都能发挥重要的作用。

1.6.7 压敏器件

ZnO 压敏电阻器件具有通流容量大、限制电压低、相应速度快、电压温度系数低等特点,在元器件保护和传感器制备方面有着广泛的应用。1967 年,日本松下公司无线电实验室,在研究金属电极-氧化锌界面时,无意中发现氧化锌具有非线性特性,这种性能优异的陶瓷器件通过简单的工艺就能制造出来,性价比非常高。20 世纪 80 年代中后期,在美国相继完成了对 ZnO 压敏特性在非线性网络拓扑模型、陶瓷复合粉体、纳米材料氧化锌压敏陶瓷中的研究。基于在理论上的重大突破,压敏材料得到了迅速的发展,ZnO 压敏陶瓷器件的电压梯度由 150V/mm 发展到20~250V/mm 几十个系列,元件尺寸也得到了扩大,冲击电流可达 1200A。但是 ZnO 压敏电阻器件也依然存在很多问题,例如能量密度小、电压梯度低和大电流特性差等。目前,许多研究已经将精力转移到研究高压高能型压敏器件,相信随着对 ZnO 材料的深入研究,一定会有所突破[16]。

1.6.8 透明电极

ZnO 薄膜在 0.4~2μm 的波长范围内具有很高的透光率,因此是理想的电极材料。Wang 等人利用溅射的方法制备 ZnO 透明导电薄膜,研究了溅射时间和薄膜厚度对薄膜透射率的影响。研究表明溅射时间为5min时,透射率在90%以上;溅射时间为10min时,透射率在85%。随着透射时间的增加,虽然透射率略有下降,但是也在70%以上,这说明薄膜厚度对透射率有一定影响,但是透射谱中反映出的ZnO较高的透射率也说明了ZnO是制备透明电极的良好材料。目前,日本Genelite公司开发出了在透明电极上使用ZnO的蓝光LED,与之前使用的SnO相比ZnO价格更低,而且输光率提高了50%~80%。日本高知工科大学研究员利用等离子蒸发设备在玻璃基板上制备出了厚度为30nm、电阻率为4.4μΩ·m的ZnO薄膜,具备ITO[37]的同等水平。但是与ITO相比,ZnO具有更好的、可再生的生长过程。ITO一般通过PVD、MBE和电子束蒸发等方法制备的薄膜质量较差,电极的可靠性不稳定从而限制了器件的成品率,同时也很难进行大容量生产。相比而言,MOCVD技术是沉积ZnO薄膜的主要方法,它适合大规模生产,与GaN器件制备过程相互兼容,此外,由于MOCVD热驱动过程,可以有效地激活p型掺杂。这些优点,都使得ZnO有望在将来取代ITO成为制备透明导电薄膜的主要材料,实现低阻、高透射率的透明导电薄膜的大规模生产。

1.6.9 缓冲层

在衬底材料上外延生长薄膜时,由于衬底与薄膜之间结构存在差异,因此在生长过程中存在一定的晶格失配和热失配现象,沉积的薄膜中也会存在一定的应力没有得到很好的释放而导致薄膜的质量下降。缓冲层技术可以有效缓解上述存在的问题,缓冲层技术已经在GaN材料研究得到了很好的应用。由于ZnO与GaN半导体具有相似的晶格常数和热膨胀系数[38,39],且具有相同六方结构,因此可以用ZnO做异质外延缓冲层[40,41]。Peng等人利用磁控溅射的方法在蓝宝石衬底上外延氮化镓薄膜,用ZnO作缓冲层,通过SEM、AFM、XRD、PL等测试表征手段进行分析,发现GaN薄膜光电性质和薄膜质量得到了改善和提高。Ma等人采用射频溅射设备,利用扫描电子显微镜(SEM)、紫外-可见分光光度仪(UV-VIS)和荧光分光光度仪(PL)研究ZnO缓冲层对Al掺杂ZnO薄膜的影响,研究表明,ZnO缓冲层可有效的缓解由于热膨胀和晶格系数不同而引起的晶格形变,透射率也有所上升,平均透射率为 80%左右,此外光致发光峰显著增强,光学性质得到了很好的改善。缓冲层生长过程存在着许多化学相变和结晶性质的变化,这些对后续工艺有着重要的影响,在器件的制备过程中将会扮演越来越重要的角色。

1.6.10 ZnO 基 LED

在半导体材料中 Si 器件是最为成熟和常见的,而宽禁带半导体材料因可以用于高温、高功率器件而备受关注。ZnO 是制备短波长(蓝光-紫外光)发光二极管和激光器的理想材料。ZnO 发光二极管的结构很多,包括金属/绝缘体/半导体(MIS)结构,异质结、同质结、PIN 结、多量子阱结构等。

1.6.10.1 MIS 结构的 LED

由于 p 型 ZnO 的制备比较困难,所以要想制备出 ZnO 基的发光二极管,MIS 结构是一种不错的选择。MIS 结构包括金属、绝缘层和半导体发光材料层,其结构如图 1-5 所示。

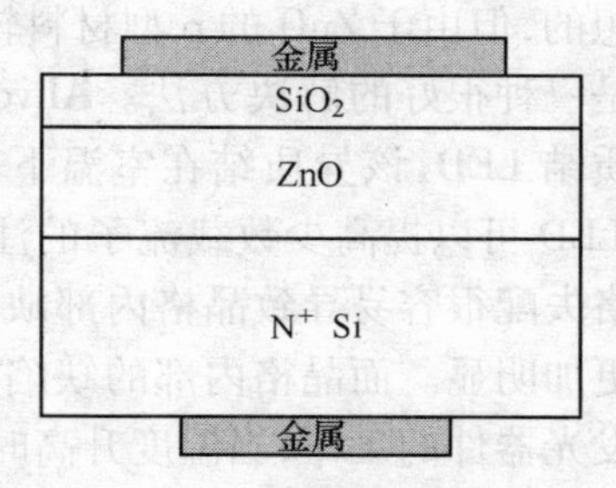

图 1-5 ZnO 基 MIS 结构的 LED

在 MIS 结构中,一般选用 SiO_2 作绝缘层,ZnO 作为发光层。在图 1-5 中 N^+Si 层的作用是作为 ZnO 的缓冲层。关于 ZnO 基 MIS 结构的 LED 研究,最近几年有了突破性的进展[42,43]。研究发现 ZnO 在室温下的电致发光谱和光致发光谱极为相似,发光峰都在 380nm 附近。

1.6.10.2 ZnO 同质结 LED

研究表明,虽然理想的 p 型 ZnO 材料很难实现,但制备理想的 ZnO 基 LED 器件,实现 ZnO 同质结是一个必须要克服的难题。而经过科研人员不断地努力和尝试,已初步解决了 P 型 ZnO 材料制备困难的难题。

Kawasaki 等人在日本东北大学研究所,利用 MBE 设备制备出了性能稳定、发光效率较高的 ZnO 同质结 LED。Aoki 研究小组[44]采用 P

元素对 ZnO 通过真空热蒸发技术进行掺杂，得到了 p 型 ZnO，但实验结果发现效果不理想，其可能原因是掺杂不均匀所导致的。在国内，叶志镇研究小组一直致力于 ZnO 材料以及 ZnO 相关器件的研发，对 ZnO 的研究进展做出了不小的贡献。叶志镇研究小组于 2007 年采用非等离子体辅助生长方法沉积 p 型 ZnO 薄膜，得到了 ZnO 的同质结 LED。电致发光光谱表明在 380nm 附近有较强的电致发光峰[45]。通过对 ZnO 同质结 LED 的不断研究，其 ZnO 同质结 LED 的发光效率也得到了不断提升。但同时研究也指出 ZnO 同质结 LED 在温度升高时会发生明显的猝灭现象，其原因是在温度升高时非辐射复合增强和补偿缺陷增加。

1.6.10.3　ZnO 异质结 LED

一般情况下，如果能利用同种半导体的 p-n 结来形成 LED 是比较理想的，但由于 ZnO 的 p 型材料较难实现，所以利用异质结形成 p-n 结也是一种很好的解决方法。Alivov 等人在早期制备出了 GaN/ZnO 的异质结 LED，该异质结在室温下具有很强的紫外发射特性[46]。异质结 LED 可以提高少数载流子的注入效率，但存在晶格失配的情况，而晶格失配很容易导致晶格内部缺陷和应力的存在，尤其是在温度较高时更加明显。而晶格内部的缺陷和应力的存在会降低发光效率，不利于发光器件的工作，当温度升高时还会产生连锁反应，从而使器件最终失效。从以上情况分析可知，若想得到性能优异的 ZnO 异质结 LED，则选择与 ZnO 晶格相符的 p 型半导体材料是关键。由于工艺条件的限制，异质结的制备往往成本较同质结要高出许多，对产业化则是很不利的。

1.6.10.4　ZnO 多量子阱 LED

多量子阱结构可以对有源层中的电子和空穴进行限制，可以降低重空穴的有效质量，并且有利于粒子数反转，可以提高发光效率。而 ZnMgO/ZnO 量子阱的研究较为成熟，并且 ZnMgO 合金工艺易于实现并且具有无毒等特点是形成 ZnO 量子阱的首选材料。最近国内外研究小组对 ZnO 量子阱 LED 的研究取得了较好的成果[47]。

ZnO 薄膜不只是局限于上述应用，此处就不一一列举了。ZnO 薄膜以其性能多样、应用广泛和价格低廉等突出优势，以及其制备方法多样、工艺相对简单、易于掺杂改性与硅集成电路兼容,有利于现代器件的集成化,代表着现代材料的发展方向,是一种在高新技术领域及广阔的民用和军事领域极具发展潜力的薄膜材料。随着研究工作的不断深入,ZnO 薄膜的技术应用必将不断渗透到众多领域并影响社会生产和人们的生活。因此,对 ZnO 薄膜的深入研究具有极其重要的意义。

1.7 ZnO 的本征缺陷

1.7.1 ZnO 的本征点缺陷

由于制备条件的影响,ZnO 薄膜中总是存在一些缺陷,主要包括点缺陷、位错、晶粒间界、表面态和界面态等。所谓点缺陷是指在晶体中单个晶格排列而形成的缺陷,具有一定的电荷,在没有外场的作用下,这些点缺陷做无规则的布朗运动,而不产生宏观电流,但在外场的作用下,外场使布朗运动产生一定的偏向而引起宏观电流,因此,点缺陷对半导体材料的导电性质有极大的影响[48,49]。就电学性质而言,点缺陷可分为施主和受主型缺陷;从能级划分,点缺陷可分为浅和深能级,浅能级对材料的电学性能影响远大于深能级缺陷。

对于二元化合物半导体 ZnO 材料而言,在晶格中可能产生 6 种本征点缺陷,即施主型本征点缺陷和受主型本征点缺陷。施主型点缺陷包括氧空位(V_O)、锌间隙(Zn_i)和反位锌(Zn_O);受主型点缺陷包括锌空位(V_{Zn})、间隙氧(O_i)和反位氧(O_{Zn})。从掺杂的角度来讲,氧空位(V_O)和锌空位(V_{Zn})对 p 型掺杂和 n 型掺杂很重要,而其他点缺陷一般都起到负面影响。在 n 型掺杂中,施主点缺陷是对 n 型掺杂有利的,而受主点缺陷对 n 型掺杂却起到补偿作用。对于 p 型掺杂来说,尽管施主点缺陷氧空位(V_O)可能提供电子,但是当受主掺杂原子去替代氧空位时,对 p 型掺杂反而是有利的。因此,点缺陷的调制对于 ZnO 材料的掺杂是至关重要的。

再者,点缺陷的能级深浅是影响掺杂另一重要的因素。目前,国内外研究者对于 ZnO 材料的 6 种点缺陷的能级深浅的研究较多,但观点各异。氧空位是研究较多的一种本征点缺陷,Van de Walle 的理论具有代表性,他们认为氧空位在稳态时不可能通过热激发向导带提供电子,因此它不是 ZnO 天然呈现 n 型的原因,但在 p 型 ZnO 材料中的形成能比在 n 型中低很多,所以对 p 型掺杂起不利的补偿作用,然而,Halliburton 等人却认为氧空位是浅施主。对于锌间隙和反位锌一般认为是浅施主能级。锌空位一般存在于 n 型 ZnO 材料当中,特别是在富氧的环境下更有利于锌空位的形成。对于受主缺陷氧间隙而言,无论在 n 型还是在 p 型中,氧间隙的形成能都较高,而且很不稳定,同时反位氧的形成能也较高,很难在平衡态下存在[6]。

1.7.2　ZnO 薄膜的能级

在 ZnO 薄膜的缺陷中,氧空位、反位锌、间隙位锌等的束缚态结构由一个正电荷中心束缚电子组成,属于施主能级,这三种缺陷类似于正类氢能级;锌空位、反位氧、间隙位氧等缺陷的束缚态结构由一个负电荷中心束缚空穴组成,属于受主能级,这三种缺陷类似于反类氢能级。现从类氢能级出发,近似说明 ZnO 的能级结构。氢原子中一个电子围绕原子核(即质子)运动,而类氢原子是一个电子(或者是一个空穴)围绕固体中某一正电荷(或者负电荷)运动。半导体中,类氢原子杂质能级处于固体之中,受到了固体中其他原子和电子的影响,这种影响主要有两点:一是介质的 $\varepsilon/\varepsilon_0 \neq 1$,即杂质能级处于 $\varepsilon/\varepsilon_0 \neq 1$ 的环境中;二是电子(或空穴)的有效质量 m^* 不等于真空中的电子质量 m。这样,在一级近似下,类氢原子杂质能级有如下的形式[50],见式(1-2)。

$$W_n = \pm \frac{m^*}{m} \cdot \frac{W_{\mathrm{H}}}{K_{\mathrm{e}}^2 n^2} \tag{1-2}$$

1.8　ZnO 的掺杂

ZnO 作为一种半导体材料,晶体中的缺陷和杂质对其性能有着决定性的影响。因此,要想较好地掌握杂质掺杂对 ZnO 性能的影响,必须对 ZnO 中的本征缺陷和非故意掺杂引入的杂质缺陷具有清醒的了解。掺杂技术是半导体材料研究的核心,是半导体材料开发和应用的关键技术,是半导体器件走向应用的决定性环节[7]。制备 ZnO 基光电子器件并使其实用化,获得高质量的 n 型和 p 型材料是其必要条件。然而,自然条件下的 ZnO 晶体通常为 n 型,难以制备成 p 型,已经有很多文献报道了通过控制本征缺陷(Zn_i,V_O,V_{Zn},O_i,Zn_O,O_{Zn}等)和掺入Ⅲ族元素来实现 ZnO 的 n 型掺杂。虽然也有不少研究组报道了有关 p 型 ZnO 的掺杂,并取得了一个又一个的里程碑式的成果,但是至今仍没有一种公认可行的办法来制备高性能的稳定可靠的 p 型 ZnO。近些年来,尽管针对 ZnO 不对称的掺杂特性根源的研究从没停止过,但是对其依然没有定论。S. B. Zhang 等人[51]通过理论计算发现,Zn_i和 V_O不论是在富锌还是富氧的条件下的形成能都很低,这也意味着二者在 ZnO 中很容易形成,认为此二者为 ZnO 中施主的主要来源。D. C. Look 等人在实验上发现 Zn_i的离化能仅为 30~50meV。

不过,由于氢半径非常小,又无处不在,在 ZnO 材料的制备过程中,很容易掺杂到 ZnO 材料中而形成浅施主。因此,也有研究组认为氢是 ZnO 中施主的主要来源[52,53]。Van der Walle 等通过理论计算证实 H^+是存在于 ZnO 中的唯一形式,而且其具有很低的形成能,形成的施主能级亦很浅[54]。

因此,克服本征缺陷以及外来杂质的补偿效应就成为获得稳定高效低电阻的 p 型 ZnO 材料亟需解决的问题。近年来,人们尝试了各种受主掺杂源来提高受主杂质的固溶度,降低受主的离化能以期能够实现 ZnO 材料的 n 型向 p 型的转变。到目前为止,人们从理论和实验两方面尝试多种掺杂方式来制备 p 型 ZnO。研究者们尝试了不同的掺杂方式,比如单掺、共掺、离子植入以及 cluster 掺杂等。

ZnO 也是一种稀土离子掺杂的理想基质材料。在 ZnO 基体中掺入稀土离子,既可以利用稀土离子的 4f-4f 跃迁,又可以利用半导体材料的独特性能,而实现对材料的光学性质的调制。近年来,稀土掺杂半导体发光材料的研究主要集中在发光和激光材料等方面的应用[57]。

1.8.1 控制本征缺陷制备 p 型 ZnO

通常情况下,非掺杂的 ZnO 材料呈现 n 型电导,其载流子浓度可以高达 $10^{21}cm^{-3}$[58]。这是由于 ZnO 中大量本征缺陷共同作用的结果,例如:锌间隙(Zn_i)、锌代氧(Zn_O)、氧空位(V_O)、锌空位(V_{Zn})、氧间隙(O_i)、氧代锌(O_{Zn})等[51,56]。其中前三者为正电中心,为施主型缺陷;而后三者是负电中心,为受主型缺陷。由于 Zn_i与 V_O 在无论富锌或是富氧条件下的形成能都非常低,来自于它们的电子很容易补偿掉来自于受主型缺陷 O_i 和 V_{Zn} 的空穴,所以很难在本征的条件下通过平衡的生长过程制备 p 型 ZnO。

不过通过控制生长条件,抑制 ZnO 材料中的本征施主缺陷的产生和外来施主杂质非故意引入,不少科学研究小组依然制备出了空穴占优的 p 型 ZnO 材料[57~59]。但 ZnO 材料中的受主缺陷如 V_{Zn} 等受环境等因素的影响较大且不易控制,所以通过本征方法制备 p 型 ZnO 的重复性差。

1.8.2 Ⅰ族元素单一受主掺杂

理论上预测Ⅰ族元素 Li、Na 和 K 原子取代 ZnO 中 Zn 位后可以形成浅的受主[60]。2006 年,国内浙江大学的 Zeng 等人利用磁控溅射技术在玻璃衬底上制备出 Li 掺杂 p 型 ZnO 薄膜,薄膜的电阻率、迁移率和空穴浓度分别为 16.4Ω · cm, 2.65cm^2/(V · s) 和 1.44×10^{17} cm^{-3}[61]。他们在此基础上制备了 ZnO 基同质 p-n 结,其展现出很好的整流特性,表明的确获得了 Li 掺杂 p 型 ZnO。同年,他们给出了 Li 掺杂 ZnO 的 p 型导电机制,指出 Li_{Zn}受主是样品 p 型导电的来源。光致发光光谱(PL)测量表明 Li_{Zn} 的受主能级大约位于价带顶(VBM)上方 150meV[62],基本符合理论上的预测。然由于 Li 原子半径较小,它掺入 ZnO 时很容易占据间隙位置,扮演施主的角色。以 Lu 为代表的研究小组通过 X 射线光电子能谱(XPS)直接证明了 Li 间隙(Li_i)的存在,表明 Li_i与 Li_{Zn}受主之间存在强的竞争,通过调节生长条件可以转变 Li 掺杂 ZnO 的导电类型[63]。正是由于 Li_i施主有较低的形成能,一些研究者观察到 Li 掺入 ZnO 后往往导致其半绝缘或 n 型导电。

由于 Li 原子半径较小,人们将目光聚焦在了 Na 元素上,对其进行了广泛的研究。2007 年,Yang 等人利用直流磁控溅射技术在玻璃衬底上制备了 Na 掺杂 p 型 ZnO 薄膜,其空穴浓度为 2.57×10^{17} cm^{-3}[64]。2008 年,Lin 等人基于 Na 掺杂 p 型 ZnO 制备出了 ZnO 基同质 LED[65],在 160K 温度下观察到了电致发光,遗憾的是,电致发光主要来自可见光区域。

如同 Li 掺杂一样，Na 掺杂 ZnO 也很容易形成 Na_i 浅施主[66]。为了减小掺杂带来的施主补偿效应，人们在理论上提出了通过共掺入 H 来钝化 Na 间隙的方法[67]。实验上，Lin 等人通过 Na-H 共掺杂的方法的确获得了 Na 掺杂 p 型 ZnO[68]，然而 H 掺入 ZnO 往往引入浅的施主态[69,70]，且其也可以钝化替代受主，因此该方法可能不会成为有效的掺杂方法。对于原子半径与 Zn 相差较大的 K 元素来说，当其取代 Zn 位时，会在薄膜中产生较大的内部应力，从而很容易导致施主型缺陷 V_O 的形成，最终降低了掺杂效率，所以，对 K 元素作为掺杂剂的研究还是比较少见的。

1.8.3 ⅠB 族元素单一受主掺杂

第一性原理计算指出，当ⅠB 族元素 Cu、Ag 和 Au 在富氧条件下掺入 ZnO 时，替代受主的形成能要低于间隙原子的形成能[71]，这意味着通过ⅠB 族元素掺杂能够很好地抑制间隙原子带来的自补偿效应。因此，近些年研究者将ⅠB 族元素作为 p 型掺杂剂展开了广泛研究，取得了一些可喜的成果。2006 年，韩国的 Kang 等人利用脉冲激光沉积技术在蓝宝石衬底上制备了 Ag 掺杂 p 型 ZnO 薄膜[72]，其空穴浓度、霍尔迁移率和电阻率分别为 $4.9\times10^{16}\sim6.0\times10^{17}cm^{-3}$，$0.29\sim2.32cm^2/(V\cdot s)$ 和 $34\sim54\Omega\cdot cm$。由于 Cu、Ag 和 Au 掺入 ZnO 形成的受主都具有较大的离化能，分别位于 VBM 上 0.7eV、0.4eV 和 0.5eV[71]，ⅠB 族元素很难成为理想的 p 型掺杂剂。

理论上，C. Persson 提出硫（S）合金到 ZnO 中能引起 ZnO 的价带向上弯曲[73]。基于上述理论，人们试图通过 S 与ⅠB 族元素共掺杂的方式来制备 p 型 ZnO，目的是为了降低ⅠB 族元素在 ZnO 中的受主能级。

1.8.4 Ⅴ族元素单一受主掺杂

按照半导体理论，Ⅴ族元素原子（N、P、As）替代 ZnO 晶格中的 O 位可以从价带获得一个电子而成为受主。在Ⅴ族元素中，由于 N 原子与 O 原子有类似的原子半径和电子结构，其一直被认为是最理想的掺杂剂。早在 1983 年，Kobayashi 等人就从理论上预测了 N 在纤锌矿结构的 ZnO 中能够产生浅的受主能级[74]。到了 1997 年，Minegishi 等人首次采用 NH_3作为 N 源，利用化学气相沉积方法制备出了 N 掺杂 p 型 ZnO[75]，然由于采用 NH_3容易引入 H 杂质，而 H 会在 ZnO 中引入浅的施主态去补偿受主[69,70]，所以上述采用 NH_3作为 N 源制备的 p 型 ZnO 有较低的空穴浓度。后来，Look 等人采用分子束外延方法在单晶 ZnO 衬底上制备了 N 掺杂 p 型 ZnO 薄膜，通过光致发光（PL）光谱给出了 N_O受主的能级大约位于 VBM 上方 170~200meV[76]。2004 年，日本的 Tsukazaki 小组在低温 450℃ 掺入 N 后通过 900℃ 热处理来消除非平衡缺陷及引入的外在施主杂质 H，重复这个过程再与 ZnO 晶格匹配非常好的 $ScAlMgO_4$衬底上制备出可重复的 p 型 ZnO 薄膜，并在此基础上制备出 ZnO 基同质 p-i-n 发光二极管，观察到了它的电致发光。

随后，中国科学院长春光机的 Jiao 等人利用等离子体辅助 MBE 技术，采用激活的 NO 作为 N 源，在蓝宝石衬底上制备了高质量的 p 型 ZnO，并在此基础上制备了 ZnO 同质 p-n 结，得到了电致发光谱，发光光谱主要的发光峰位于 410nm，在 520nm 有较弱的发光[77]。这是国际上首次在蓝宝石衬底上观察到的 ZnO 基同质 p-n 结电致发光。同日本的 Tsukazaki 小组相比，不仅降低了衬底的成本，而且简化了制备工艺。

国内的浙江大学[78]、南京大学[79]、大连理工大学[80]等研究单位也基于 N 掺杂 p 型 ZnO 得到了同质结的电致发光。但是，电致发光主要也都是与缺陷相关的发射。

虽然基于 N 掺杂 p 型 ZnO 的 LEDs 已经有很多报道，但是人们发现 N 掺杂 p 型 ZnO 存在严重的自补偿效应，即在 N 掺杂过程中很容易形成$(N_2)_O$缺陷。$(N_2)_O$是双重施主，能够极大的补偿 N_O 受主。此外，Nickel 等人基于密度泛函理论指出 N_2分子很容易破坏 ZnO 的 Zn-O 键，在禁带中引入局域态，能够捕获空穴，从而大大降低 N 掺杂的掺杂效率[81]。实验上也观察到即使 N 的掺杂浓度高达 $2\times10^{20}cm^{-3}$，而产生的空穴浓度仅仅为 $2.2\times10^{16}cm^{-3}$[82]。由于 N 掺杂 p 型 ZnO 存在低的掺杂效率和强的自补偿效应，目前可重复、稳定的 N 掺杂 p 型 ZnO 仍然没有实现。

除 N 以外的Ⅴ族元素 P、As、Sb 也被认为是良好的 p 型掺杂剂。考虑到原子半径问题，磷元素是这三种元素中研究最多的一种 ZnO p 型掺杂剂。人们选择不同的掺杂方式和掺杂源已经制备出了磷掺杂 p 型 ZnO 薄膜。早在 2000 年，Aoki 等人采用 Zn_3P_2 作为磷源，利用激光掺杂技术制备出了 p 型 ZnO，并在此基础上得到了 ZnO 基 p-n 结，在 110K 温度下得到了电致发光[83]。随后，Kim 采用 P_2O_5 作为 P 源，利用磁控溅射技术制备了优越的 p 型 ZnO 薄膜，其空穴浓度、迁移率和电阻率分别为 $1.03\times10^{17}\sim1.73\times10^{19}cm^{-3}$，$0.53\sim3.51cm^2/(V\cdot s)$ 和 $0.59\sim4.4\Omega\cdot cm$[84]。2006 年，韩国的 Lim 等人利用磷掺杂 p 型 ZnO 制备出 ZnO 基同质发光二极管，得到了室温电致发光[85]。为了限制载流子在 n 型材料区复合，他们在 n 型与 p 型 ZnO 材料之间引入了 MgZnO 势垒层。引入该势垒层后，位于 380nm 附近的紫外电致发光得到了显著提高，而可见区域发光则受到了很大的抑制。随后，美国的 Kim 等人利用磷掺杂 p 型 ZnO 制备出了 ZnO 基发光二极管，电致发光光谱显示其近带边发射在紫外 385nm 左右[86]。

最近，国内的 Tao 等人采用化学气相沉积获得了磷掺杂 p 型 ZnO 纳米线，并在此基础上制备出 ZnO 基 LED，得到了室温下的电致发光。大家知道，磷在 ZnO 中有双重本性，它既可以替代 O 格点形成 P_O 受主，也可以取代 Zn 原子成为 P_{Zn} 三重施主[87]。然而，争论表明 P_O 并不是一个浅的而是深的受主，它可能不会成为磷掺杂 ZnO p 型导电的起因[88~90]。之后大量的理论与实验结果指出磷掺入 ZnO 晶格中并不是取代 O 位，而是 Zn 位，贡献磷掺杂 ZnO p 型导电的受主不是 P_O 而是 P_{Zn}-$2V_{Zn}$ 复合受主[91~93]。然而，当费米能级靠近价带顶（p 型导电的必要条件），P_{Zn} 有更低的形成能，能够很大程度上补偿 P_{Zn}-$2V_{Zn}$ 复合受主。可见，同 N 掺杂 p 型 ZnO 一样，磷掺杂 p 型 ZnO 同样存在自补偿效应。

近些年，利用大原子半径的 As 和 Sb 元素作为掺杂剂也引起了研究者的广泛关注。2004 年，Look 等人首先在玻璃衬底上蒸镀一层 Zn_3As_2 薄膜，然后在 Zn_3As_2 上 450℃ 温度下溅射 ZnO 薄膜，获得了性能优越的 As 掺杂 p 型 ZnO 薄膜，其空穴浓度、迁移率和电阻率分别为 $4\times10^{18}cm^{-3}$，$4cm^2/(V\cdot s)$ 和 $0.4\Omega\cdot cm$。随后，以 Ryu 为代表的研究小组也成功制备了 As 掺杂 p 型 ZnO 和 BeZnO 材料，并以其作为限制层制备出了 ZnO 基量子阱结构的激光二极管[94]。2005 年，Xiu 等人利用分子束外延方法首次成功制备了高迁移率的 Sb 掺杂 p 型 ZnO[95]。2008 年，美国的 Chu 等人基于 Sb 掺杂 p 型 ZnO 制备出 ZnO 基同质发光二极管[96]，在不同注入电流下都观察到了电致发光。

1.8.5 受主-施主共掺杂

为了提高受主杂质的溶解度和降低受主能级，Yamamoto 等人提出了受主-施主共掺杂制备 p 型 ZnO 的方法[97]。他们认为施主与受主之间强的库仑相互作用能够克服受主之间的排斥作用，提高受主的溶解度。此外，理论还表明施主-受主共掺杂能够在 VBM 形成杂质带，从而降低受主能级。实验上，Lu 等人采用磁控溅射技术在玻璃衬底上制备了电阻率为 57.3Ω·cm，载流子浓度为 $2.25\times10^{17}cm^{-3}$ 和迁移率为 $0.43cm^2/(V\cdot s)$ 的 Al-N 共掺 p 型 ZnO 薄膜[98]。SIMS 测量表明 Al 掺入的确增加了 N 的掺杂浓度。透射光谱显示该薄膜具有很好的晶体质量，可见光透射率高达 90%。2008 年，Wang 等人采用低压金属有机气相外延方法在蓝宝石衬底上制备了性能良好的 Ga-N 共掺 p 型 ZnO 薄膜[99]，其空穴浓度为 $2.41\times10^{18}cm^{-3}$，迁移率为 $4.29cm^2/(V\cdot s)$。PL 光谱显示受主能级大约位于 VBM 上 160meV，该浅的受主能级很可能是由于在 VBM 上形成了杂质带所致。基于 Ga-N 共掺 p 型 ZnO 制备的 ZnO 同质 p-n 结展现很好的整流特性，开启电压达到 3.7eV 左右。

虽然受主-施主共掺杂能够提高受主掺杂浓度，但是在掺杂过程中不可避免地会引入施主掺杂原子，由于施主、受主之间的相互作用，在提高受主掺杂浓度的同时，同样也提高了施主的掺杂浓度，所以施主-受主共掺杂可能不会成为理想的 p 型掺杂方法。

1.8.6 双受主共掺杂

2006 年，国内浙江大学的 Lu 等人采用脉冲激光沉积方法在蓝宝石衬底上制备了 Li-N 共掺杂 p 型 ZnO 薄膜，其电阻率、载流子浓度和霍尔迁移率分别为 0.93Ω·cm，$8.92\times10^{18}cm^{-3}$ 和 $0.75cm^2/(V\cdot s)$， p 型导电性能要优于 Li 单掺和 N 单掺 p 型 ZnO[100]。利用该掺杂方法制备的 p 型 ZnO 有好的重复性和稳定性，并在此基础上制备了 ZnO 基同质 p-n 结，其展现出很好的整流特性。PL 光谱显示贡献 p 型导电的受主能级仅仅为 95meV。遗憾的是，他们并没有给出 p 型导电机制。

1.8.7 稀土掺杂

稀土元素简称稀土（Rare Earth），主要指镧系元素加上 Sc（钪）元素和 Y（钇）元素共 17 种元素。其中 Sc（钪）元素和 Y（钇）元素是物理性质与镧系元素相似的元素，具有相似的最外层电子结构，原子序数分别是 21 和 39。镧系元素包含：La（镧），Ce（铈），Pr（镨），Nd（钕），Pm（钷），Sm（钐），Eu（铕），Gd（钆），Tb（铽），Dy（镝），Ho（钬），Er（铒），Tm（铥），Yb（镱），Lu（镥）。它们的原子序数依次从 57 到 71。稀土元素具有相似的原子结构，并具有稳定和独特的物理和化学性质，在材料学中具有不可忽视的地位，同时也促进其他领域的发展[101]。

稀土掺杂 ZnO 相关的报道可追溯到 1976 年。S. Bhushan 和 M. Saleem 将 ZnO 和 Er_2O_3 以一定比例混合后进行高温煅烧，测量 ZnO：Er 的光致发光及电致发光，但他们并没有观察到 Er 离子的特征发光现象[102]。直到 1997 年以前，几乎所有对稀土元素掺杂的 ZnO 发光材料的研究结果都存在一定的局限性[103~105]，如：通过对 ZnO：RE 的宏观体材料进行光致发光的测试，无法观测到稀土离子的特征发光；在 ZnO：RE 体系 RE^{3+} 的激发谱中，无法观测宽带谱形等。

后来，相继出现了对其他稀土离子如 Tb^{3+}、Eu^{3+} 以及 Dy^{3+} 等掺杂 ZnO 发光材料的报道，这其中既包括体材料也包括纳米材料及薄膜材料。如：A. Ishizumi 等人用乳液法制备了 ZnO：Eu 晶体并对其荧光性能进行研究，结果表明 Eu^{3+} 的荧光效率取决于 Eu^{3+} 激发态的能量弛豫过程而不是 ZnO 纳米棒到 Eu^{3+} 离子的能量传递过程[106]。刘舒曼等用醋酸盐在乙醇溶液中水解的方法来合成 ZnO：Tb 荧光粉，通过研究其结构及发光性能，发现掺杂 Tb^{3+} 的 ZnO 纳米晶为六方纤锌矿结构，且 ZnO 纳米基质与发光中心之间存在能量传递，从而引起了稀土 Tb^{3+} 离子的特征发光[107]。Zhang 等人在高温下煅烧合成了 ZnO：Dy 纳米粉末，发现 ZnO：Dy 纳米粉末的发射和激发谱取决于激发波长和 Dy^{3+} 离子的浓度[108]。2007 年，L. Armelao 等人采用热蒸发的方法获得了 Eu 掺杂的 ZnO 纳米结构，利用 X 射线激发光学荧光光谱对 ZnO 的光学性能进行了研究。研究表明，达到纳米级的样品，其形貌及光学特性之间均存在一定的依赖关系，突出表现在对带隙峰以及缺陷峰的强度影响[109]。在 2008 年，Liu Y S 等人采用溶胶-凝胶法制备了 Eu：ZnO 纳米颗粒，并研究了其光学性能[110]。

尽管众多研究者们已经对稀土掺杂纳米 ZnO 材料进行了研究，ZnO：RE 的合成还是存在一定的困难，并且其发光性能并不是很理想。这种情况的出现主要归结于两方面：一个是从离子半径方面来说，稀土离子半径比 Zn 离子大很多，从而导致稀土离子在取代 Zn 离子晶格位置的过程中产生替位的困难；其次，稀土离子和 Zn 离子的电荷不匹配，这也是容易造成稀土掺杂浓度通常低的一个原因，而且总的来说，国内外的研究者们大多围绕着稀土掺杂的 ZnO 薄膜和颗粒进行展开[111,112]。因此，稀土掺杂纳米 ZnO 材料在其他形貌如纳米线、纳米棒、纳米管等方面的研究还需要继续探索。

参考文献

[1] 吕建国，汪雷，叶志镇，等．ZnO 薄膜应用的最新研究进展［J］．功能材料与器件学报，2002，8（3）：303~307.

[2] 马勇．ZnO 薄膜制备及性质研究［D］．重庆：重庆大学，2004.

[3] 巫邵波．ZnO/AlN 双层膜的制备与性能研究［D］．合肥：合肥工业大学，2007.

[4] Jaffe J E，Hess A C. Hartree-Fock study of phase changes in ZnO at high pressure［J］. Phy. Rev. B，1993，48：7903.

[5] 叶志镇，吕建国，张银珠，等．氧化锌半导体材料掺杂技术与应用［M］．杭州：浙江大学出版社，2009.

[6] 李万俊．N，Ag 单掺杂 p 型 ZnO 薄膜的制备与特性研究［D］．重庆：重庆师范大学，2012.

[7] 郭冠军．稀土掺杂 ZnO 薄膜和 YAG 荧光陶瓷的制备及光学性能的研究［D］．广州：广东工业大学，2012.

[8] 宋红莲．稀土离子掺杂 ZnO 薄膜的制备及特性研究［D］．济南：山东建筑大

学，2013.
[9] Look D C. Recent advances in ZnO materials and devices [J]. Materials Science and Engineering: B, 2001, 80 (1~3): 383~387.
[10] Kim H, Gilmore C M, Horwitz J S, et al. Transparent conducting aluminum-doped zinc oxide thin films for organic light-emitting devices [J]. Appl Phys Lett, 2000, 76 (3): 259~261.
[11] Sungyeon Kim, Jungmok Seo, Hyeon Woo Jang, et al. Effects of H_2 ambient annealing in fully 002-textured ZnO: Ga thin films grown on glass substrates using RF magnetron co-sputter deposition [J]. Applied Surface Science, 2009, 255 (8): 4616~4622.
[12] Hu J, Gordon R G. Atmospheric pressure chemical vapor deposition of gallium dopedzinc oxide thin films from diethyl- zinc, water, and triethyl gallium [J]. J Appl Phys, 1992, 72: 5381.
[13] Tang Z K, Wong G K L, Yu P, et al. Room-temperature ultraviolet laser emission from self-assembled ZnO microcrystallite thin films [J]. Applied Physics Letters, 1998, 72 (25): 3270~3272.
[14] Bagnall D M, Chen Y F, Zhu Z, et al. Optically pumped lasing of ZnO at room temperature [J]. Applied Physics Letters, 1997, 70: 2230.
[15] Meyer B K, Alve H S, Hofmann D M, et al. Bound exciton and donor-acceptor pair recombinations in ZnO [J]. Physica Status Solidi B-Basic Research, 2004, 241 (2): 231~260.
[16] 杨建增. 缓冲层结晶性对 ZnO 薄膜性质的作用机制研究 [D]. 大连：大连理工大学，2013.
[17] Rayleigh L. On waves propagated along the plane surface of an elastic body [J]. Pro Math Soc London, 1985, 17: 4.
[18] White R M, et al. Direct piezoelectric coupling to surface elastic waves [J]. Appl Phys Lett, 1965, 7: 314.
[19] Lee Y C, Kuo S H. A new point-source/point-receiver acoustic transducer for surface wave measurement [J]. Sensors and Actuators A, 2001, 94: 129.
[20] Whitfield M D, Audic B, Flannery C M, et al. Acoustic wave propagation in free standing CVD diamond: Influence of film quality and temperature [J]. Diamond Relat Mater, 1999, 8: 732.
[21] Assouar M B, Benedic F, Elmazria O, et al. MPACVD diamond films for surface acoustic wave filters [J]. Diamond Relat Mater, 2001, 10: 681.
[22] Igasaki Y, Naito T, Murakami K, et al. The effects of deposition conditions on the structural properties of ZnO sputtered films on sapphire substrates [J]. Appl Surf Sci, 2001, 169/170: 512.
[23] Yoshino Y, Makino T, Katayama Y, et al. Optimization of zinc oxide thin film for surface

acoustic wave filters by radio frequency sputtering [J] . Vacuum, 2000, 59: 538.

[24] Frans C M. The properties and applications of ZnO thin films [J] . Am Ceram Soc Bull, 1990, 69: 1959.

[25] Anisimkin B I, Penza M, Balentini A, et al. Detection of xombustible gases by means of a ZnO-on-Si surface acoustic wave (SAW) delay line [J] . Sensors and Actuators B, 1995, 23: 197.

[26] Assouar M B, Benedic O, Elmazria M, et al. MPACVD diamond films for surface acoustic wave filters [J] . Diamond and Relat Mater, 2001, 10: 681.

[27] Seo S H, Shin W C, Park J S, et al. A novel method of fabricating ZnO/diamond/Si multilayers for surface acoustic wave (SAW) device applications [J] . Thin Solid Films, 2002, 416: 190.

[28] Bi B, Huang W S, Asmussen J, et al. Surface acoustic waves on nanocrystalline diamond [J] . Diamond Relat Mater, 2002, 11: 677.

[29] Kirby P B, Potter M D G, Lim W M Y. Thin film piezoelectric property considerations for surface acoustic wave and thin film bulk acoustic resonators [J] . J Eur Ceram Soc, 2003, 23: 2689.

[30] 叶志镇，张银珠，陈汉鸿，等. ZnO 光电导紫外探测器的制备和特性研究 [J] . 电子学报，2003，31：1605~1607.

[31] Liu K W, Ma J G, Zhang J Y, et al. Ultraviolet photoeonductive detector with high visible rejection and fast photoresponse based on ZnO thin film [J] . Solid State Electron, 2007, 51: 757~759.

[32] Liang S, Sheng H, Liu Y, et al. ZnO Schottky ultraviolet photodetectors [J] . Journal of Crystal Growth, 2001, 225 (2): 110~113.

[33] Fabricius H, Skettrup T, Bisgaard P. Ultraviolet detectors in thin sputtered ZnO films [J] . Applied Optics, 1986, 25 (21): 3.

[34] Aoki T, Hatanaka Y, Look D C. ZnO diode fabricated by excimer-laser doping [J] . Applied Physics Letters, 2000, 76 (22): 3257~3258.

[35] Ohta H, Orita H, Hirano M, et al. Epitaxial growth of transparent p-type conducting $CuGaO_2$ thin films on sapphire (001) substrates by pulsed laser deposition [J] . Appl Phys, 89 (2001): 5720.

[36] Xu H Y, Liu Y C, Mu R, et al. F-doping effects on electrical and optical properties of ZnO nanocrystalline films [J] . Applied Physics Letters, 2005, 86 (12): 123107.

[37] Wang W L, Liao K J. Infrared reflection spectra of CdIn204 films [J] . Appl Phy Lett, 1995, 66: 321.

[38] Reynold D C, et al. Similarities in the bandedge and deep-center photoluminescence mechanisms of ZnO and GaN [J] . Solid State Communication, 1997, 101 (9): 643~646.

[39] Look D C, et al . Point defect characterization of GaN and ZnO [J] . Mater Sci Eng B,

1999, 66 (1~3): 30~32.

[40] Xu X L, Lau S P, Chen J S, et al. Dependence of electrical and optical properties of ZnO films on substrate temperature [J] . Materials Science in Semiconductor Processing, 2001, 4 (6): 617~620.

[41] Yi L, Hou Y, Zhao H, et al. The photo and electro luminescence properties of ZnO: Zn thin film [J] . Displays, 2000, 21 (4): 147~149.

[42] Young S J, Ji L W, Chang S J, et al. ZnO-based MIS photodetectors [J] . Sensors and Actuators A-Physical, 2008, 141: 224~229.

[43] Alivov Y I, Look D C, Ataev B M, et al. Fabrication of ZnO-based metal insulator semiconductor diodes by ion implantation [J] . Solid State Electronics, 2004, 48: 2343~2346.

[44] Alivov Y I, Van Nostrand J E, Look D C, et al. Observation of 430nm electroluminescence from ZnO/GaN heterojunction light-emitting diodes [J] . Applied Physics Letters, 2003, 83: 2943~2945.

[45] Aoki T, Hatanaka Y. ZnO diode fabricated by excimer-laser doping [J] . Appl Phys Lett 2000, 76 (22): 3257~3258.

[46] Zeng Y J, Ye Z Z, Lu Y F, et al. Plasma-free nitrogen doping and homojunction light-emitting diodes based on ZnO [J] . Journal of Physics D: Applied Physics, 2008, 41 (16): 165104~165107.

[47] Ryu Y, Lee T S, Lubguban J A, et al. Next generation of oxide photonic devices: ZnO-based ultraviolet light emitting diodes [J] . Appl phys Lett, 2006, 88 (24): 241108~241111.

[48] Jina B J, Baeb S H, Leeb S Y. Effects of Native Defects on Optical and Electrical Properties of ZnO Prepared by Pulsed Laser Deposition [J] . Materials Science and Engineering, 71 (2000): 301.

[49] Tüzemen S, Emre G. Principal Issues in Producing New Ultraviolet Light Emitters Based on Transparent Semiconductor Zinc Oxide [J] . Optical Materials, 30 (2007): 292.

[50] 周玉玲. 复掺杂与高温退火对 ZnO 薄膜的结构和光学性质的影响研究 [D] . 南京: 南京理工大学, 2009.

[51] Zhang S B, Wei S-H, Alex Zunger. Intrinsic n-type versus p-type doping asymmetry and the defect physics of ZnO [J] . Physical Review B, 63, 075205 (2001) .

[52] Van de Walle C G. Defect analysis and engineering in ZnO [J] . Physica B, 2001, 899: 308.

[53] Strzhemechny Y M. Remote hydrogen plasma doping of single crystal ZnO [J] . Appl Phys Lett, 2004, 84: 2545.

[54] Van de Walle C G. Hydrogen as a Cause of Doping in Zinc Oxide [J] . Phys Rev Lett, 2000, 85: 1012.

[55] 佘亚娟. 稀土掺杂 ZnO 纳米颗粒的制备及光学性能研究 [D] . 长沙: 湖南大

学，2013.

[56] Kohan F，Ceder G，Morgan D，et al. First-principles study of native point defects in ZnO [J]. Phys Rev B，2000，61：15019.

[57] Butkhuzi T V，Bureyev A V，Georgobiani A N，et al. Optical and electrical properties of radical beam gettering epitaxy grown n-type and p-type ZnO single crystals [J]. Crystal Growth，117 (1992)：366~369.

[58] Choopun S，Vispute R D，Noch W，et al. Oxygen pressure-tuned epitaxy and optoelectronic properties of laser-deposited ZnO films on sapphire [J]. Appl Phys Lett，75 (1999)：3947~3949.

[59] Sekiguchi T，Haga K，Inaba K. ZnO films grown under the oxygen-rich condition [J]. Cryst. Growth，214 (2000)：68~71.

[60] Park C H，Zhang S B，Wei S H，Origin of the impurity perspective p-type doping difficulty in ZnO [J]. Phys. Rev. B，2002，66：073202~073204.

[61] Zeng Y J，Ye Z Z，Xu W Z，et al. Dopant source choice for formation of p-type ZnO：Li acceptor [J]. Appl Phys Lett，2006，88：062107.

[62] Zeng Y J，Ye Z Z，Lu J G，et al. Identification of acceptor states in Li-doped p-type ZnO thin films [J]. Appl Phys Lett，2006，89：042106.

[63] Lu J G，Zhang Y Z，Ye Z Z，et al. Control of p-type and n-type conductivities in Li-doped ZnO thin films [J]. Appl Phys Lett，2006，89：112113.

[64] Yang L L，Ye Z Z，Zhu L P，et al. Fabrication of p-type ZnO Thin Films via DC Reactive Magnetron Sputtering by Using Na as the Dopant Source [J]. J Electron Mater，2007，36：498.

[65] Lin S S，Lu J G，Ye Z Z，et al. P-type behavior in Na-doped ZnO films and ZnO homojunction light-emitting diodes [J]. Solid State Commun，2008，148：25.

[66] Orlinskii S B，Schmidt J，Baranov P G，et al. Probing the Wave Function of Shallow Li and Na Donors in ZnO Nanoparticles [J]. Phys Rev Lett，2004，92：047603.

[67] Lee E C，Chang K J. Possible p-type doping with group-I elements in ZnO [J]. Phys Rev B，2004，70：115210.

[68] Lin S S，He H P，Lu Y F，et al. Mechanism of Na-doped p-type ZnO films：Suppressing Na interstitials by codoping with H and Na of appropriate concentrations [J]. J Appl Phys，2009，106：093508.

[69] Van de Walle C G，Neugebauer J. Universal alignment of hydrogen levels in semiconductors，insulators and solutions [J]. Nature (London)，2003，423：626.

[70] Janotti A，Van de Walle C G. Hydrogen multicentre bonds [J]. Nature Mater，2007，6：44.

[71] Yan Y F，Al-Jassim M M，Wei Su-Huai. Doping of ZnO by group-IB elements [J]. Appl Phys Lett，2006，89：181912.

[72] Kang H S, Ahn B D, Kim J H, et al. Structural, electrical, and optical properties of p-type ZnO thin films with Ag dopant [J]. Appl Phys Lett, 2006, 88: 202108.

[73] Persson C. Strong Valence-Band Offset Bowing of ZnO1-xSx Enhances p-type Nitrogen Doping of ZnO-like Alloys [J]. Phys Rev Lett, 2006, 97: 146403.

[74] Kobayashi A, Sankey O F, Dow J D. Deep energy levels of defects in the wurtzite semiconductors AIN, CdS, CdSe, ZnS, and ZnO [J]. Phys Rev B, 1983, 28: 946~948.

[75] Minegishi K, Koiwai Y, Kikuchi Y, et al. Growth of p-type zinc oxide films by chemical vapor deposition [J]. Jpn J Appl Phys, 1997, 36: L1453~L1455.

[76] Look D C, Reynolds D C, Litton C W, et al. Characterization of homoepitaxial p-type ZnO grown by molecular beam epitaxy [J]. Appl Phys Lett, 2002, 81: 1830.

[77] Jiao S J, Zhang Z Z, Lu Y M, et al. ZnO p-n junction light-emitting diodes fabricated on sapphire substrates [J]. Appl Phys Lett, 2006, 88: 0319111~0319113.

[78] Xu W Z, Ye Z Z, Zeng Y J, et al. ZnO light-emitting diode grown by plasma-assisted metal organic chemical vapor deposition [J]. Appl Phys Lett, 2006, 88: 173506~173508.

[79] Liu W, Gu S L, Ye J D, et al. Blue-yellow ZnO homostructural light-emitting diode realized by metalorganic chemical vapor deposition technique [J]. Appl Phys Lett, 2006, 88: 092101~092103.

[80] Du G T, Liu W F, Bing J M, et al. Room temperature defect related electroluminescence from ZnO homojunctions grown by ultrasonic spray pyrolysis [J]. Appl Phys Lett, 2006, 89: 052113~052115.

[81] Nickel N H , Gluba M A. Defects in Compound Semiconductors Caused by Molecular Nitrogen [J]. Phys Rev Lett, 2009, 103: 145501.

[82] Tsukazaki A, Onuma T, Ohtani M, et al. Repeated temperature modulation epitaxy for p-type doping and light-emitting diode based on ZnO [J]. Nat Mater, 2005, 4: 42~45.

[83] Aoki T, Hatanaka Y, Look D C. ZnO diode fabricated by excimer-laser doping [J]. Appl Phys Lett, 2000, 76: 3257.

[84] Kim K K, Kim H S, Hwang D K, et al. Realization of p-type ZnO thin films via phosphorus doping and thermal activation of the dopant [J]. App Phys Lett, 2003, 83: 63.

[85] Lim J H, Kang C K, Kim K K, et al. UV Electroluminescence Emission from ZnO Light-Emitting Diodes Grown by High-Temperature Radiofrequency Sputtering [J]. Adv Mater, 2006, 18: 2720.

[86] Kim H S, Lugo F, Pearton S J, et al. Phosphorus doped ZnO light emitting diodes fabricated via pulsed laser deposition [J]. Appl Phys Lett, 2008, 92: 112108.

[87] Allenic A, Guo W, Chen Y B, et al. Amphoteric Phosphorus Doping for Stable p-type ZnO [J]. Adv Mater, 2007, 19: 3333.

[88] Ryu Y R, Lee T S, White H W. Properties of arsenic-doped p-type ZnO grown by hybrid beam deposition [J]. Appl Phys Lett, 2003, 83: 87.

[89] Look D C, Claflin B. P-type doping and devices based on ZnO [J]. Phys Status Solidi B, 2004, 241: 624.

[90] Kim H S, Pearton S J, Norton D P, et al. Behavior of rapid thermal annealed ZnO: P films grown by pulsed laser deposition [J]. J Appl Phys, 2007, 102: 104904.

[91] Lee W J, Kang J, Chang K J. Defect properties and p-type doping efficiency in phosphorus-doped ZnO [J]. Phys Rev B, 2006, 73: 024117.

[92] Li P, Deng S H, Huang J. First-principles studies on the dominant acceptor and the activation mechanism of phosphorus-doped ZnO [J]. Appl Phys Lett, 2011, 99: 111902.

[93] Limpijumnong S, Zhang S B, Wei S H, et al. Doping by Large-Size-Mismatched Impurities: The Microscopic Origin of Arsenic or Antimony-Doped p-Type Zinc Oxide [J]. Phys Rev Lett, 2004, 92: 155504.

[94] Ryu Y R, Lubguban J A, Lee T S, et al. Excitonic ultraviolet lasing in ZnO-based light emitting devices [J]. Appl Phys Lett, 2007, 90: 131115~131117.

[95] Xiu F X, Yang Z, Mandalapu L J, et al. High-mobility Sb-doped p-type ZnO by molecular-beam epitaxy [J]. Appl Phys Lett, 87 (2005): 152101.

[96] Chu S, Lim J H, Mandalapu L J, et al. Sb-doped p-ZnO/Ga-doped n-ZnO homojunction ultraviolet light emitting diodes [J]. Appl Phys Lett, 2008, 92: 152103.

[97] Yamamoto T. Codoping for the fabrication of p-type ZnO [J]. Thin Solid Films, 2002, 420~421: 100~106.

[98] Lu J G, Ye Z Z, Zhu G F, et al. P-type conduction in N-Al co-doped ZnO thin films [J]. Appl Phys Lett, 2004, 85: 15~17.

[99] Wang H, et al. Preparation of p-type ZnO films with (N, Ga) co-doping by MOVPE [J]. Materials Chemistry and Physics, 2008, 107: 244~247.

[100] Lu J G, Zhang Y Z, Ye Z Z, et al. Low-resistivity, stable p-type ZnO thin films realized using a Li-N dual-acceptor doping method [J]. Appl Phys Lett, 2006, 88: 222114~222116.

[101] 孙大为. 电子束蒸发制备稀土掺杂 ZnO 薄膜及其发光性能研究 [D]. 哈尔滨: 哈尔滨师范大学, 2013.

[102] Brown M R, Cox A F J, Shand W A, et al. The photoluminescence of Er^{3+}-doped ZnO [J]. Adv Qunantum Electronics, 1974, 2: 69~71.

[103] Baehir S, Kossanyi J, Sandouly J C, et al. Electroluminescence of Dy^{3+} and Sm^{3+} ions in polycrystalline semiconducting zinc oxide [J]. Phys Chem, 1995, 99: 5674~5679.

[104] Kouyate D. Quenching of zinc oxide photoluminescence by d-transifion and f-transifion metal ions [J]. Lumin, 1990, 46: 329~337.

[105] Hayashi Y, Narahara H. Photoluminescence of Eu-doped ZnO phosphors [J]. Jpn Journal of Applied Physics, 1995, 34: 1878~1882.

[106] Ishizumi A, Kanernitsu Y. Structural and luminescence properties of Eu-doped ZnO

nanorods fabricated by a microemulsion method [J]. Applied Physics Letters, 2005, 86: 253106.

[107] 刘舒曼，刘峰奇，郭海清，等. ZnO: Tb 纳米晶的制备、结构与发光性质 [J]. 半导体学报，2001，22 (4): 418~421.

[108] Zhang L L, Guo C X, Zhao J J, et al. Synthesis of ZnO: Dy nanopowder and photoluminescence of Dy^{3+} in ZnO [J]. Rare Earths, 2005, 23 (5): 607~610.

[109] Armelao L, Heigl F, Jurgeusen A, et al. X-ray excited optical luminescence studies of ZnO and Eu-doped ZnO nanostmctures [J]. Phys Chem C, 2007, 111: 10194~10200.

[110] Liu Y S, Luo W Q, Li R F, et al. Optical spectroscopy of Eu^{3+} doped ZnO nanocrystals [J]. Phys Chem C, 2008, 112: 686~694.

[111] Chert P L, Ma X Y, Yang D R. ZnO: Eu thin-films: sol-gel derivation and strong photoluminescence from $^5D_0$-$^7F_0$ transition of Eu^{3+} ions [J]. Alloys Compd, 2007, 431: 317~320.

[112] Yamamoto A, Kikuchi Y, Ishizumi A, et al. Photoluminescence from electro-deposited Zinc Oxide films modified with Eu [J]. Journal of Applied Physics, 2008, 47: 625~628.

2 AlN 概述

近年来，氮化铝（AlN）一直是深受关注的Ⅲ-Ⅴ族宽禁带直接带隙化合物半导体材料，具有多种优异的物理化学特性。AlN 原子间以共价键结合，具有熔点高，良好的化学稳定性和高的热导率，同时其线膨胀系数与硅相近，又具有低介电常数与介电损耗等性能，这使它在电子基板、半导体封装、电子组件散热等方面应用潜力无穷[1]。AlN 宽禁带，同时与氮化镓晶格结构相同，有较少的晶格失配（Latticemismatch 2.4%），可作为半导体技术的绝缘层、保护层和缓冲层。此外，AlN 电阻率高、击穿场强大，是优异的介质和绝缘材料，宽带隙的晶态 AlN 薄膜可代替 SiO_2 作为绝缘层应用于金属—绝缘层—半导体（MIS）器件[2,3]。

2.1 引言

随着电子产品朝着质量轻，体积小，热电损耗低，稳定性高且能适应各种复杂环境的方向发展，以氮化镓（GaN）、氮化铝（AlN）、碳化硅（SiC）为代表的Ⅲ-Ⅴ族宽禁带半导体逐渐成为科研工作者研究的热门材料，而上述 3 种材料也作为第三代半导体的代表进入大众眼球。作为第三代半导体的代表之一，AlN 依靠其高熔点、高硬度、高热导率、高电阻率、大的击穿场强、小的线膨胀系数以及高化学稳定性而受到科研工作者们的青睐，是一种优异的介电和绝缘材料，现被广泛应用于电子器件和集成电路的封装，尤其适用于高温高功率器件[4]。研究表明，AlN 的热导率是 SiO_2 的 200 多倍（$3.2W/(cm \cdot K)^{-1}/0.014W/(cm \cdot K)^{-1}$），用 AlN 代替 SiO_2 用作 SOI 的绝缘埋层可显著提高 SOI 在高温、大功率电路及空间抗辐射方面的应用[5]；AlN 还具有优异的压电性和声表面特性，因而成为制作 GHZ 声表面波器件的理想材料[6]。此外，AlN 具有宽的禁带宽度，是重要的蓝光、紫光发光材料，容易和 InN、GaN 等重要的发光材料生成固溶体，实现从红光到紫光的全色显示[7]。

AlN 主要以薄膜的形式作为功能材料被广泛应用于电子信息产业中，薄膜的结晶质量状况与其能否高效的应用于工艺器件中有着直接关系，在各种制膜方法中，需要深入研究薄膜制备过程中的工艺方法及参数，通过反复的对比实验，获得制备各种薄膜的最佳工艺参数，以提高薄膜的结晶质量和表面质量，进而大大提高其应用性。

本章将对 AlN 的晶体结构、能带结构、特性与应用等方面做简要介绍。

2.2 AlN 的晶体结构

AlN 是一种Ⅲ-Ⅴ族宽禁带半导体材料，具有两种晶体结构（α-AlN 和 β-AlN），一般以 α-AlN 的纤锌矿六方结构存在，晶格常数是 $a=0.3114$nm、$c=0.4979$nm，其禁带宽度为 6.2eV[8]，为直接带隙半导体[9]，纤锌矿结构是 AlN 最稳定的结构状态。立方 β-AlN 有亚稳态的闪锌矿（Zinc-Blende）和岩盐矿（NaCl）两种晶体结构，其晶格常数分别为 $a=0.791$nm 或 0.438nm 和 $a=0.405$nm，为间接带隙半导体，禁带宽度分别为 5.11eV 和 5.04eV。与六方 α-AlN 相比，立方 β-AlN 具有更高的晶体对称性、更高的热导率和表面声波传输速度，而且更容易掺杂。但是，获得高质量的 β-AlN 很困难，生长立方 AlN 薄膜需要的条件要求较高，因此关于立方 AlN 薄膜的研究比较少。一些科研工作者通过计算预测了闪锌矿 AlN 的能带结构[10]、热力学性质与声子激励[11]、声子的平均自由程[12]、价电子结构[13]等。AlN 的三种结构示意图如图 2-1（a）的纤锌矿结构中，AlN 原胞中 4 个 N 原子围绕着 1 个 Al 原子，构成四面体结构，其中的 3 个 AlN-N_i（$i=1$，2，3）键是 B_1 键，N_1、N_2、N_3都是等性的，其键长是 0.1885nm，另外还有 1 个沿 c 轴方向的 Al-N_0键，称之为 B_2键，键长 0.1917nm。其中，N_0-Al-N_1 和 N_1-Al-N_2键的角度分别为 107.7°和 110.5°，沿着 c 轴方向，这两个子格子平移 0.385c_o套构得到 AlN 的晶体结构。由图 2-1（a）可以看出，AlN 晶体结构中的（100）面是由 B_1键组成的，（101）和（002）面则是 B_1和 B_2键共同组成。六方晶系的 AlN 属于 $C6v^4$（$P6_3mc$）点群，没有对称中心，可以产生压电效应。图 2-1（b）是 AlN 的另一种结构——闪锌矿结构，属于立方晶系，在这种结构中，被相邻两原子所连接的原子在空间上形成了 60°的错位，这种错位能够减小上下共价键间的排斥力，这也是在晶体结构中的一种原子组合方式——交错构型。图 2-1（c）是 AlN 的第三种晶体结构——NaCl 结构，也被称为岩盐矿结构，它和闪锌矿同属于立方晶系，相对于六方稳定相 AlN，它们以亚稳相的形式存在。与闪锌矿的 AlN 相比，NaCl 结构的 AlN 具有比前者更大的离子性，约为 0.964，因此我们可以把它看成是近似的离子化合物。

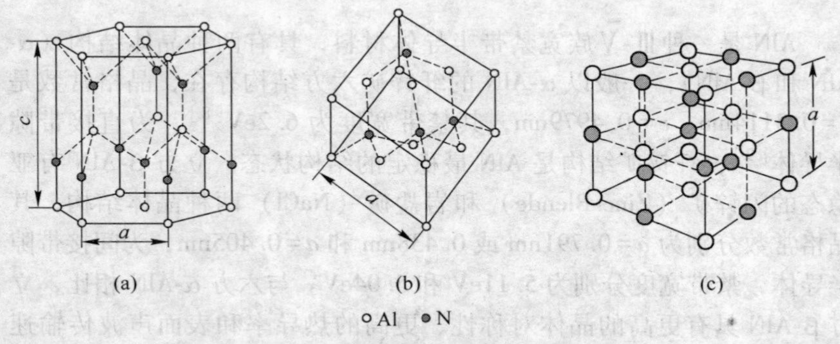

图 2-1　AlN 的三种晶体结构

（a）纤锌矿；（b）闪锌矿；（c）岩盐矿

2.3　AlN 的能带结构

人们对 AlN 能带结构的研究，可以追溯到 20 世纪六七十年代[14,15]。由于当时制备的 AlN 材料结晶质量差，无法对理论结果给予有力证明，从而造成人们对 AlN 能带结构产生了不同的认识。后来，随着材料制备工艺的发展以及测试条件的改善，AlN 作为一种禁带宽度为 6.2eV 的直接带隙半导体材料的结论才被大多数人所接受。

尽管对 AlN 进行了多年研究，但是由于很难制备完整晶体结构的 AlN 薄膜，人们对精确的 AlN 能带结构还缺乏详细的认识。大多数吸收光谱研究结果表明：AlN 在 300K 时的禁带宽度为 6.2eV[7]；但是光致发光光谱实验结果却显示：在 300K 时 AlN 的禁带宽度小于

6.2eV[16~18]。此外，AlN 较强的压电特性也使得 AlN 的能带结构变得更加复杂，因此对于 AlN 的能带结构，还需要进一步的研究。

2.4 AlN 的特性

六方纤锌矿结构的 AlN 各原子间形成键合力极强的共价键，因此，该结构的 AlN 表现出优良的化学稳定性，以及高熔点（2700℃以上）。AlN 薄膜的透光性和热导率往往受晶体中残余杂质（铝、碳、氧等元素）的影响而降低，通常高纯度的 AlN 为坚硬、无色透明的晶体。六方纤锌矿 AlN 属六方晶系，6mm 点群，没有对称中心，因此可以产生压电效应。AlN 材料具有很好的绝缘性，禁带宽度为 6.3eV，在Ⅲ-Ⅴ族化合物半导体中其禁带宽度最大，且为直接带隙[19]。表 2-1 是 AlN 材料的特性参数值，并且与其他半导体做了对比[20~23]。通过表 2-1 可以看出，AlN 材料具有很多优良特性：禁带宽度大、直接带隙、击穿场强和热导率高，线膨胀系数与常用的 GaAs 和 6H-SiC 半导体的相接近，电阻率高等，是很优异的介电和绝缘体材料及重要的蓝光、紫外发光材料。

表 2-1 AlN 与其他半导体材料的特性对比

参数 \ 材料	AlN	Si	ZnO	GaAs	6H-SiC	GaN
禁带宽度/eV	6.2	1.12	3.3	1.43	2.9	3.4
密度/g·cm^{-3}	3.26	2.33	5.68	5.32	3.20	6.09
击穿场强/V·cm^{-1}	14×10^6	0.2×10^6	0.4×10^6	0.5×10^6	4×10^6	$>10\times10^6$
热导率/W·(cm·℃)$^{-1}$	3.0	1.5	0.006	0.46	5	1.3
介电常数	8.5	11.9	7.9	12.8	10	11.1
线膨胀系数/K^{-1}	4.5×10^{-6}	2.6×10^{-6}	4.75×10^{-6}	5.9×10^{-6}	4.8×10^{-6}	5.6×10^{-6}
电阻率/Ω·cm	$>10^{13}$	1000	$10^{-4}\sim10^{22}$	10^8	—	$>10^{10}$
折射率	2.15	3.5	2.2	3.4	2.7	2.33

2.4.1 硬度

吴世伟等人[24]使用微压痕法测量了 Si 衬底上制备不同晶向 AlN 薄膜的显微硬度。结果证实，晶体的取向情况不会影响 AlN 薄膜的硬度，而且 AlN（100）和 AlN（002）都有很高的硬度（>1100HV）并且二者相差不大。

2.4.2　化学稳定性

汪洪海等人[8]对反应式脉冲激光溅射沉积制备的 AlN 薄膜进行化学腐蚀性实验。研究显示，不同的制备方法，不同的工艺条件下 AlN 薄膜的耐化学腐蚀性能有很大的差别，选用合适的工艺条件，制备出表面质量较高、结晶质量好的薄膜，具有很好的耐化学腐蚀性及较高的化学稳定性。

2.4.3　热稳定性

于军等人[25]对具有 AlN 薄膜的金属膜电阻器和无膜电阻器进行高温贮存的对比实验。实验温度是 125°C，时间为 100h，在实验中未增加任何的电负荷。将样品自然冷却到室温至稳定后，测量实验前后电阻器的电阻值，发现有 AlN 薄膜的金属膜电阻器的电阻相对变化率为 0.3，没有 AlN 薄膜的相对变化率为 0.7，AlN 薄膜大大提高了电子器件的热稳定性。

2.4.4　电学性能

AlN 薄膜的介电性和压电性是其电学性能的两个主要研究方向。AlN 在 c 轴方向的声表面波速度高达 6.2km/s[26]，为所有压电材料中最高。这种高速的声表面波能够提高滤波器的中心频率，用此性能可以制作 GHz 级的表声波器件（SAW）。利用材料的压电特性，可以将其应用在声表面波器件、雷达、无线遥控系统、家用电器中。其中，作为声表面波器件的 AlN 压电薄膜要求其表面粗糙度小于 30nm[27]，还要有较好的取向度，表面声波器件的机电耦合系数决定于 AlN 薄膜（002）的择优取向度。作为介质薄膜，AlN 薄膜具有好的界面态与稳定性，AlN 薄膜的击穿场强随着衬底的温度提高而降低。门传玲等人[28]用 PLD 法在硅衬底上制备出 AlN 薄膜，并测得 AlN 薄膜在室温下的击穿场强约为 2.5MV/cm，呈现出明显的类铁电现象，并利用动态电荷模型解释了这种现象。Shih 等人[29]利用 PLD

法制备出Al/AlN/Si的多层膜，并测得AlN介质膜的介电常数大于9，漏电流小于1.5×10^{-5}A，可以作为高能耗器件栅极绝缘层。

2.4.5 光学性能

使用紫外-可见-近红外分光光度计（波长范围在170～3300nm）测量AlN薄膜的透射光谱。结果发现，在透射光谱图中，AlN薄膜的吸收限（1%透过）在200nm左右，和制备的工艺过程无关；AlN薄膜在可见-近红外区域透过率都很高，达到80%以上。早期主要将AlN薄膜作为一种辅助材料来研究其光学性能。缪向水等人[30]使用反应溅射法通过优化工艺参数制备出具有优良光学性能的AlSiN与AlN薄膜，很适用于光学磁盘保护层中。王浩敏等人[31]通过研究反应溅射法的工艺参数，制备出了用于磁光盘介质层的AlN、TiN薄膜。最近几年，AlN薄膜的掺杂以及其光致发光和电致发光性能研究也正在进行，一些研究人员[32,33]已经对稀土元素和过渡金属掺杂AlN薄膜开始了研究工作，而且取得了研究成果。现在科研工作者对AlN薄膜的光学常数研究也越来越多，凌浩等人[34]用激光脉冲沉积法制备出AlN薄膜，并由实验结果拟合得出AlN薄膜的能隙宽度为5.7eV。陈燕平等人[35]总结了用光学方法计算测量薄膜厚度和光学常数的几种方法，通过比较分析了各种方法的优缺点，对分析薄膜光学性能提供了帮助。另外，现在主要用紫外分光光度计通过测量薄膜的透过率计算薄膜的厚度和光学常数已被很多研究者所追捧[36~39]。近年来，LED是一种新型的能源材料，而AlGaInN作为其中的代表广泛被使用，AlGaInN的禁带宽度将红光到紫外的光谱全都覆盖，因此只需要通过调节组分改变禁带宽度，即可实现从红光到紫光的全色显示。

AlN薄膜的制备工艺对其光学性能起决定性的作用。制备工艺通过决定薄膜的晶体结构、内部缺陷、表面形貌等影响其光学性能。AlN薄膜中Al/N化学计量比主要影响折射率[32]：Al和N中的任何一个有所缺失，都会降低AlN薄膜的折射率，并使薄膜透过率减小。此外，消光系数变大是晶格中的悬挂键和空位增多所致。通过测量红外吸收可以得出AlN薄膜的结晶状态，吸收峰越尖锐，说明薄膜的结晶质量越高。研究认为[40,41]，紫外透射光谱图中，峰的形状与薄膜的表面质量和膜厚有关，如果薄膜表面很平整且薄膜厚度满足干涉条件，就能在可见-红外波长光谱范围内出现波的干涉曲线，利用干涉曲线中的波峰和波谷，可以计算出薄膜的厚度以及光学常数，进而得到薄膜的禁带宽度。

2.5 AlN 薄膜的应用

AlN 薄膜性能的特殊性和优异性决定了其在多方面的应用。AlN 铝薄膜已经被广泛应用作电子器件和集成电路的封装中隔离介质和绝缘材料；作为 LED 工程中最为瞩目的蓝光、紫外发光材料，被人们大量的研究；AlN 铝薄膜还是一种优秀的热释电材料；而用于氮化镓与碳化硅等材料外延生长的过渡层，SOI 材料的绝缘埋层以及 GHz 级声表面波器件压电薄膜则是 AlN 薄膜今后具有竞争力的应用方向[42]。

2.5.1 声表面波器件

AlN 薄膜作为压电薄膜的最大应用场合是表声波器件和体声波器件。声表面波（Surface Acoustic Wave，即 SAW）是一种只在物体表面传播的弹性波，它的传播速度几乎是电磁波的 1/500000，利用这一特性不仅可使电子器件的体积减小、质量减轻，也能使器件的性能得到很大提高[43]。

声表面波器件是利用声表面波原理制备的一种新型电子器件，在通信、雷达、电子对抗等领域应用较为广泛。在声表面波器件中，关键部分是由压电薄膜和叉指电极构成的叉指换能器，这种换能器直接激励和接收表声波。由于声表面波器件的工作频率与其声速成正比，因此用于制备高频声表面器件的压电薄膜要求具有很高的声速。由于金刚石在所有材料中具有最高的弹性模量（1200GPa）、最高的纵波声速（18000m/s）、较低的密度等优点，因而是制备声表面波器件的一种理想材料。但金刚石没有压电特性，只有当在它的表面沉积一层压电薄膜，制备出压电薄膜/金刚石结构，利用压电材料的压电特性，才能将电磁波同声表面波进行有效转换，这种结构可被应用于声表面波器件，器件的性能由压电薄膜和金刚石基体共同决定。

由 AlN 薄膜和金刚石膜组成的多层膜在声表面波器件领域有着广阔的应用前景，这是由于将该体系用作声表面波材料具有以下几个方面的优点[44]：

（1）由于 AlN 本身的声表面波传播速度较高，因而使多层膜结构综合声速高，所制备的器件频率大；

（2）AlN 的声表面波传播速度与金刚石的接近，因而多层膜结构速度频散小；

（3）AlN 的温度系数（TCD）几乎为零，使得器件的中心频率随温度的变化而改变的幅度较小。

2.5.2 发光材料

AlN 的禁带宽度为 6.3eV，为直接带隙半导体材料，使得其在紫外光范围具有透光窗口，是很好的紫外光发光材料[45]。利用 AlN 制备的三元合金 AlGaN 光电器件从紫外光到绿光波长范围都可以发光，具有非常广泛的应用前景。另外，AlN 薄膜在二阶谐波发生器器件领域也得到应用，因为 AlN 薄膜的非线性光学极化效应很高[46]。

2.5.3 滤波器、谐振器

由于 AlN 压电薄膜具有较高的声波速，使其在高频滤波器、谐振器应用方面备受关注[47,48]。基于 AlN 压电薄膜的薄膜体声波谐振器（Film Bulk Bcoustic Resonator，FBAR）谐振频率可达 GHz，而且能够在复杂的工作环境中使用，因而在移动通信中已得到广泛应用。薄膜体声波谐振器示意图如图 2-2 所示，是两种常用的 FBAR 结构，悬空式与反射栅式。C. M. Yang 等人利用 MOCVD 制备的 AlN 薄膜成功制作出工作频率为 5GHz，插入损耗约为 1.4dB，带宽为 146MHz 的薄膜体声波谐振器，该谐振器可以被用作带通滤波器[49]。为进一步提高 FBAR 的谐振响应，J. B. Lee 研究了底电极对 AlN 压电薄膜体声波谐振器频率响应的影响，研究发现，钼电极可以很好地提高谐振器的频率响应性能。加州伯克利的 Chih-Ming Lin 利用生长在 3C-SiC 衬底上的 AlN 压电薄膜制作出具有 Lamb 波板波模式的微机械谐振器，该谐振器的最高工作频率可达 2.92GHz，并且在该谐振模式下 Q 值可达 5510[50]。国内浙江大学在 AlN 薄膜体声波谐振器设计、制作方面，做了深入的研究[51]。

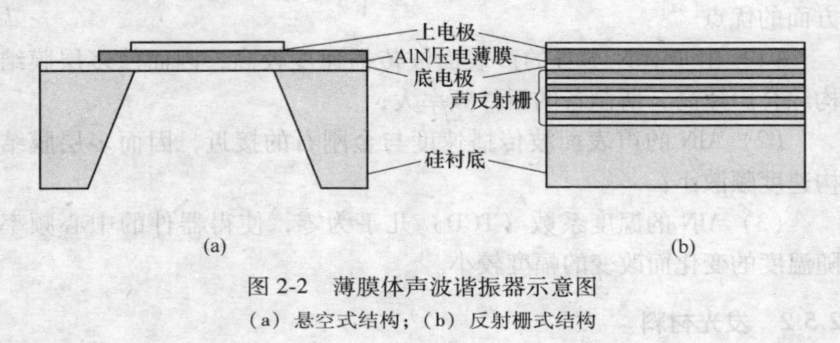

图 2-2　薄膜体声波谐振器示意图

（a）悬空式结构；（b）反射栅式结构

2.5.4　生物传感器

在生物传感领域，基于 AlN 压电薄膜的声波传感器与微流控技术相结合，可以实现免疫学检测[52]，基于 AlN 压电薄膜的生物传感器如图 2-3 所示。Wencheng Xu 等人利用 AlN 压电薄膜，制作出轮廓模式的薄膜体声波谐振器，该谐振器在液相环境中的 Q 值可达 189，在生物检测中应用时，其质量灵敏度达 1.78ng/cm^2[53]。E. Mehdizadeh 利用 AlN 压电薄膜材料制作出具有旋转模式的盘状结构谐振器，其频率在 2.0~8.0MHz，该谐振器可以直接在液体媒介中检测生物分子，在检测溶液中浸泡 1h，频率移动约为 3.6×10^{-3}，可以对生物分子进行实时监测。在国内，山东科技大学陈达利用 AlN 压电薄膜制作的体声波谐振器对神经错乱性毒气进行了检测，通过自组装手段对薄膜体声波谐振器表面电极进行修饰，可以实现最低探测浓度为 1×10^{-7} 的检测极限[54]。随着人们对生命健康的不断关注，快速便捷的检测技术已成为疾病预防的重要手段，声学生物传感的地位也慢慢提高，而 AlN 薄膜因其优良的性能，使其在声学生物传感中具有重要的应用前景。

2.5.5　能量搜集器

未来微机电系统（MEMS）技术的发展，使传感器、执行器朝着

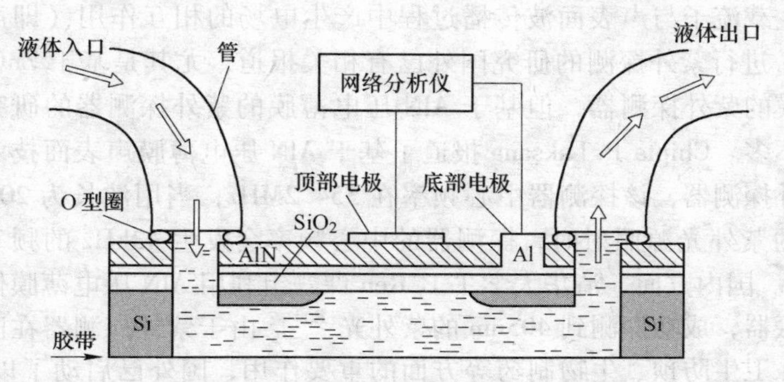

图 2-3 基于 AlN 压电薄膜的生物传感器

小型化、集成化的方向发展，而这些微纳器件的供能问题成为制约其应用的关键，特别是在复杂环境中，微纳器件的持续供能更加困难。基于压电薄膜的能量搜集器，可以源源不断地将周围的低频微弱振动转换成电能，持续为微纳器件供能，保证微纳器件的正常工作。AlN压电薄膜在高温下亦能保持良好的压电性，其在能量搜集器方面的应用，已被广泛研究。加州伯克利的 Ting-Ta Yen 利用 AlN 压电薄膜，制作成具有褶皱起伏结构的能量搜集器，在 1g 加速度作用下，谐振频率为 853Hz 的多体器件的输出功率可达 0.17μW[55]。为提高 AlN压电薄膜能量搜集器的性能，Nathan Jackson 研究了 AlN 薄膜晶体生长取向对 MEMS 能量搜集器件的影响，研究发现，(002) 取向的生长优劣直接影响着器件的能量输出[56]。R. Elfrink 等人利用 AlN 压电薄膜制作出输出功率可以跟压电陶瓷（PZT）薄膜媲美的能量搜集器，在 571Hz 谐振频率下，该器件的最大输出功率可达 60μW。国内有关 AlN 压电薄膜能量搜集器方面的相关报道还不多，但随着我国在 MEMS 技术方面的发展，未来会有所改善。

2.5.6 紫外探测器

由于 AlN 材料具有较宽的能带（6.2eV），AlN 薄膜在光电子领域的应用吸引了科学家的眼球，2006 年，日本科学家 Yoshitaka Taniyasu 等人利用 AlN 薄膜材料，成功研制出波长为 210nm 的发光二极管[57]。同时，AlN 薄膜材料对波长更短的紫外光更加敏感[58]，而利用光生载流子与声表面波传播过程中产生电场的相互作用（即声电效应）进行紫外探测的研究国外已有相关报道，尤其是基于 ZnO 压电薄膜的紫外探测器，但基于 AlN 压电薄膜的紫外探测器的研究为数还不多。Chipta P. Laksana 报道了基于 AlN 压电薄膜声表面技术的深紫外探测器，该探测器中心频率在 354. 2MHz，当用波长为 200nm 左右的紫外光源照射时，探测器的中心频率会发生 43kHz 的频率偏移[59]。国内方面，清华大学 T. L. Ren 课题组利用 AlN 压电薄膜体声波谐振器，成功探测到 405nm 的紫外光[60]。由于紫外探测器在国防安全、卫生防预、生物制药等方面的重要作用，国外已启动了以Ⅲ-Ⅴ族氮化物为主的紫外探测器的研究计划，而 AlN 薄膜材料作为重要的Ⅲ-Ⅴ族氮化物，在紫外探测方面有着重要的应用前景，同时与声学谐振器、表面波器件等结构相结合，可以实现无线测试的功能，为紫外辐射强、人工作业困难的区域提供了良好的解决方案。随着我国国民经济的发展，我国在紫外探测方面的研究也在不断加强。

2.5.7 缓冲层

GaN 和 InN 作为第三代半导体材料，受到越来越多科研工作者的关注。如果 GaN 和 InN 薄膜材料直接生长在蓝宝石或是硅衬底上，薄膜的光电学性能不好、质量差，难于满足器件工艺要求，主要是因为薄膜与衬底的晶格失配过大导致的。由于 AlN 和 GaN 的晶格常数比较接近，晶格失配约为 2. 4%，当用 AlN 作为生长 GaN 薄膜的过渡膜时，GaN 外延薄膜的质量、光学性能以及电学性能得到明显改善。因此，在外延生长 GaN 时常采用 AlN 薄膜作为过渡层进行二维生长，以降低 GaN 和衬底之间的晶格失配，从而达到改善 GaN 质量的目的[61~64]。已有研究表明，在蓝宝石上生长的 GaN 采用 AlN 薄膜作缓冲层时可以显著改善 GaN 薄膜的质量[65~67]。另外，Wu 等人[68]用 AlN 为过渡层淀积 InN，结果表明，电子移动速率随缓冲层厚度的增加而提高，n 型载流子在 InN 外延层中的含量随 AlN 缓冲层厚度的增加而降低。

此外，AlN 和 SiC 的晶格失配度小于 1%，并且二者可以以任意组分互溶，故 AlN 是用于 SiC 外延过渡层的优选材料。

AlN 与 ZnO 具有相同的晶体结构、相近的线膨胀系数，二者的晶格失配度较小，所以，AlN 非常适合作为沉积 ZnO 薄膜的过渡层[69]。

2.5.8 SOI 材料的绝缘埋层

现今微电子技术领域，迅猛发展的绝缘层上硅（SOI：Silicon On Insulator）材料因其独特的性能优势而备受青睐。SOI 结构中的绝缘埋层，能够实现器件制作层（顶层 Si）与衬底的电学隔离，而且使各单元器件的隔离在制备工艺上更易于实现，隔离效果优异，这大大减轻了传统体硅器件中影响器件速度性能的各种寄生效应，因而被广泛应用于高速、低功耗、高密集成电路。

然而，传统的 SOI 材料通常都采用 SiO_2 作为绝缘埋层，但 SiO_2 的热导率比较低，仅为 0.014W/(cm·K)。当器件处于高速、大功率的运行状态时，器件的热效应使其温度不断上升，由于其热导瓶颈作用而使器件的热量无法迅速散去，导致严重的“自加热效应”，进而严重阻碍了 SOI 材料在高密高功率集成电路中的应用。由于 AlN 具有较好的热传导性，其热导率约是 SiO_2 的 200 倍，并且具有很好的绝缘性，与 Si 的线膨胀系数相匹配，这使得以 AlN 作为绝缘埋层的 SOI 结构具有很大的发展潜力。目前，很多科研机构都期望用 AlN 代替 SiO_2 用于 SOI 材料的绝缘埋层，在这方面开展了大量的工作，并取得了显著进展[70]。

2.5.9 单色冷阴极材料

AlN 薄膜具有良好的机械性能、电学性能和高温稳定性，并且其表面具有负电子亲和势特性（NEA）[71]。AlN 表面的这种负电子亲和特性，使其能在低温下发射电子，这种特性使得 AlN 薄膜在单色冷阴极材料领域得到应用，扩大了 AlN 薄膜在真空电子学领域的应用范围。用 AlN 薄膜制备的冷阴极源使得其电子显微镜的分辨率得到明显改善。同时，AlN 薄膜可用于微真空管和场发射显示器，能获得的场发射电流密度较大，因为电子在电场中可以轻易地从 AlN 表面逃逸出去。已有研究报道了利用普通 CVD 制备出了尺寸约为 15nm

的针状 AlN，并获得较高的电流密度 4.7mA/cm^{2}以及较低的开启电场 3.1V/μm[72]。AlN 薄膜已经成为冷阴极材料领域的研究热点，与金刚石、氮化硼（c-BN）等成为理想的高频大功率器件材料[73,74]。

2.5.10　刀具涂层

氮化铝薄膜是一种硬质陶瓷薄膜，其硬度接近块体材料的硬度。大多数文献报道的纯 AlN 薄膜的硬度在 10~25GPa 之间[75]，然而，当被应用于 TiN/AlN 纳米多层膜结构时，其平均硬度可以达到 30GPa[76]，这是由于超晶格多层膜的量子效应而表现出的硬度增强效应。由于 TiAlN 薄膜具有更好的抗氧化性和润滑性，因此 TiN/AlN 的纳米多层膜有望被应用于干切削刀具上[77]。

2.5.11　作为磁光记录材料表面的增透膜

非晶垂直磁化的稀土-过渡族金属（RE-TM）薄膜是第一代的可擦写磁盘记录材料，其缺点是稀土元素易氧化和磁光克尔角较小等，而 AlN 薄膜可以用来保护磁光薄膜中的稀土元素，使其不被氧化。因为 AlN 薄膜的折射率高，因此薄膜的致密性很好，另外，薄膜的抗腐蚀性以及化学稳定性也很高。AlN 薄膜低的消光系数、高透光性以及合适的厚度可以用来提高 RE-TM 磁光记录材料的透过率，达到增强磁光克尔效应的目的[78]，因此，AlN 薄膜是很好的磁光记录材料表面增透膜。

目前，高质量的外延 AlN 薄膜远没有达到商业化的程度，主要是因为其制备工艺复杂，设备昂贵，而且经常用来制备高质量外延 AlN 薄膜的工艺要求的衬底温度很高（高于 1000℃）。这么高的温度下将造成衬底的热损伤，虽然有报道在较低的温度下制备出 AlN 薄膜，但这种方法还处于试验阶段并不成熟完善，而 AlN 在集成光电子器件领域的应用要求避免对衬底材料的热损伤，从而 AlN 薄膜的制备必须在较低温度下进行。因此，传统的高温制备高质量外延 AlN 薄膜已经极大地限制了 AlN 薄膜的应用，降低 AlN 薄膜制备成本，简化制备工艺，降低反应温度将是以后研究工作的重点，随着技术的更新换代以及研究工作的进一步深入，AlN 薄膜的应用将得到极大的提升。

参 考 文 献

[1] Hikmet Altun, Sadri Sen. The effect of DC magnetron sputtering AlN coatings on the corrosion behaviour of magnesium alloys [J]. Surface and Coatings Technology, 2005, 197: 193~200.

[2] Fathimulla A, Lakhania A. Reaetively rf magnetron sputtered AlN films as gate dieleetric [J]. Journal of Applied Physies, 1983, 54: 4586~4589.

[3] Stevens K S, Kinniburge M, Schwartzman A F, et al. Demonstration of a silicon field-effect transistor using AlN as the gata dielectric [J]. Applied Physics Letters, 1995, 66: 3179~3181.

[4] Bengtsson S, Bergh M, Choumas M, et al. Applications of Aluminum Nitride films deposited by reactive sputtering to silicon-on-insulator [J]. Japanese Journal of Applied Physics, 1996, 35: 4175~4181.

[5] Fan Z Y, Rong G, Browning J, et al. High temperature growth of AlN by plasma-enhanced molecular beam epitaxy [J]. Journal of Materials Science and Engineering B, 1999, 67 (1): 80~87.

[6] 黄继颇，王连卫，祝成荣，等. 脉冲激光沉积制备 c 轴取向 AlN 薄膜 [J]. 压电与声光，1999，21 (5)：387~389.

[7] 颜国君，陈光德，邱复生，等. AlN 薄膜的光学性能 [J]. 光子学报，2006，35 (2)：221~223.

[8] 汪洪海，郑扁光，魏学勤，等. 反应式脉冲激光溅射沉积 AlN 薄膜化学稳定性研究 [J]. 激光杂志，1998，19 (6)：28~31.

[9] 孙剑，吴嘉达，应质峰，等. AlN 薄膜的低温沉积 [J]. 半导体学报，2000，21 (9)：914~917.

[10] Rubio A, Jennifer L, Marvin L, et al. Quasiparticle band structure of AlN and GaN [J]. Physical Review B, 1993, 48 (16): 11810~11816.

[11] Talwar D N. Phonon excitations and thermodynamic properties of cubic Ⅲ nitrides [J]. Applied Physics Letters, 2002, 80 (9): 1553~1555.

[12] AlShaikhi A, Srivastava GP. Theoretical investigations of phonon intrinsic mean-free path in zinc-blende and wurtzite AlN [J]. Physical Review B, 2007, 76 (19): 195205.

[13] Carvalho L C, Schleife A, Fuchs F, et al. Valence-band splittings in cubic and hexagonal AlN, GaN, and InN [J]. Applied Physics Letters, 2010, 97 (23): 232101.

[14] Bloom S. Band structures of GaN and AlN [J]. Journal of Physics and Chemistry of Solids, 1971, 32 (9): 2027~2032.

[15] Christensen N E, Gorczyca L. Optical and structural properties of Ⅲ-Ⅴ nitrides under pressure [J]. Physical Review B, 1994, 50 (7): 4397~4415.

[16] Masahiro Horita, Jun Suda, Tsunenobu Kimoto. High-quality nonpolar 4H-AlN grown on 4H-SiC (11-20) substrate by molecular-beam epitaxy [J]. Applied Physics Letters, 2006, 89 (11): 112117.

[17] Freitas J A, Braga G C B, Silveira E, et al. Properties of bulk AlN grown by thermode composition of $AlCl_3$-NH_3 [J]. Applied Physics Letters, 2003, 83 (13): 2584.

[18] Silveira E, Freitas Jr J A, Slack G A, et al. Cathodoluminescence studies of large bulk AlN crystals [J]. Physica Status Solidi C, 2003, 0 (7): 2618~2622.

[19] 邝许平. 射频磁控反应溅射低温制备高 c 轴择优取向的氮化铝薄膜 [D]. 哈尔滨: 哈尔滨工业大学, 2014.

[20] Ianno N J, McConville L, Shaikh N, et al. Characterization of pulsed laser deposited zinc oxide [J]. Thin Solid Films, 1992, 220 (1): 92~99.

[21] 门海泉, 周灵平, 肖汉宁. AlN 薄膜择优取向生长机理及制备工艺 [J]. 人工晶体学报, 2005, 34 (6): 1146~1153.

[22] Chen D, Xu D, Wang J J, et al. Influence of the texture on Raman and X-ray diffraction characteristics of polycrystalline AlN films [J]. Thin Solid Film, 2008, 517 (2): 986~989.

[23] 孙大明, 孙兆奇. 金属陶瓷薄膜及其在光电子技术中的应用 [M]. 北京: 科学出版社, 2004.

[24] 吴世伟, 曾令民, 张丽萍, 等. 对向靶反应溅射制备 AlN 薄膜的结构及物性 [J]. 广西大学学报 (自然科学版), 1998, 23 (2): 131~134.

[25] 于军, 曾祥斌, 吴正元. 提高金属膜电阻器可靠性的途径 [J]. 电子元件与材料, 1994, 13 (2): 51~54.

[26] 黄继颇, 王连卫, 林成鲁. 性能优异的多功能宽禁带半导体 AlN 薄膜 [J]. 功能材料, 1999, 30 (2): 141~142.

[27] 许小红, 武海顺. 压电薄膜的制备、结构与应用 [M]. 北京: 科学出版社, 2002.

[28] 门传玲, 林成鲁. 脉冲激光沉积 AlN 薄膜的电学性能研究 [J]. 功能材料与器件学报, 2006, 12 (4): 265~267.

[29] Shih M C, Liang C W, Chaing P J. Deposition of aluminum nitride thin film on Si (Ⅲ) by KrF excimer laser and its characterizations [J]. Applied Surface Science, 2008, 254 (8): 2211~2215.

[30] 缪向水, 胡用时. AlN 和 AlSiN 薄膜的制备工艺及其光学性能 [J]. 华中理工大学学报, 1995, 23 (A01): 185~188.

[31] 王浩敏, 林更琪, 李震, 等. TiN 及 AlN 薄膜的制备和光学性能研究 [J]. 半导体光电, 2002, 23 (4): 267~270.

[32] 巴德纯, 佟洪波, 闻立时. Mn 或 Cu 掺杂非晶 AlN 薄膜的光致发光特性 [J]. 真空科学与技术学报, 2007, 27 (6): 508~510.

[33] 吕惠民, 陈光德, 耶红刚, 等. 六方单晶 AlN 薄膜的合成与紫光发光机理 [J]. 光

子学报，2007，36（9）：1687~1690.

[34] 凌浩，施维，孙剑，等．用脉冲激光沉积方法制备 AlN 薄膜［J］．中国激光，2001，28（3）：272~274.

[35] 陈燕平，余飞鸿．薄膜厚度和光学常数的主要测试方法［J］．光学仪器，2006，28（6）：84~88.

[36] 丁文革，苑静，李文博，等．基于反射和透射光谱的氢化非晶硅薄膜厚度及光学常量计算［J］．光子学报，2011，40（7）：1097~1099.

[37] 张进城，郝跃，李培咸，等．基于透射谱的 GaN 薄膜厚度测量［J］．物理学报，2005，53（4）：1243~1246.

[38] 张海波，康建波，孙辉，等．基于紫外-可见透过谱的薄膜厚度计算研究［J］．西华大学学报（自然科学版），2010，29（006）：72~73.

[39] 沈伟东，刘旭，朱勇，等．用透过率测试曲线确定半导体薄膜的光学常数和厚度［J］．半导体学报，2005，26（2）：335~338.

[40] 朱春燕，朱昌．磁控反应溅射 AlN 薄膜光学性能研究［J］．表面技术，2008，37（1）：17~18.

[41] 杨世才，阿布都艾则孜·阿布来提，简基康，等．纯氮气反应溅射 AlN 薄膜及性质研究［J］．人工晶体学报，2010，39（001）：190~196.

[42] 李瑞霞．氮化铝薄膜制备及性能研究［D］．成都：西华大学，2009.

[43] Davis R F. Ⅲ-Ⅴ nitrides for electronic and optoelectronic applications［J］. Proceedings of the IEEE，1991，79（5）：702~712.

[44] 徐娜．适用于多层膜高频 SAW 器件的 AlN 薄膜制备与表征［D］．天津：天津理工大学，2007.

[45] 黄继颇，王连卫，高剑侠．超高真空电子束蒸发合成晶态 AlN 薄膜的研究［J］．功能材料与器件学报，1998（4）：278~280.

[46] Rao R，Sun G C. Microwave annealing enhances Al-induced lateral crystallization of amorphous silicon thin films［J］. Journal of Crystal Growth，2004，273：68~75.

[47] Ruby R，Bradley P，Larson JD，et al. PCS 1900 MHz duplexer using thin film bulk acoustic resonators（FBARs）［J］. Electronics Letters，1999，35：794~795.

[48] Karabalin RB，Matheny MH，Feng XL，et al. Piezoelectric nanoelectromechanical resonators based on aluminum nitride thin films［J］. Applied Physics Letters，2009，95：103111.

[49] Kim H，Kim J-H，Kim J. A review of piezoelectric energy harvesting based on vibration［J］. International Journal of Precision Engineering and Manufacturing，2011，12：1129~1141.

[50] Lin C-M，Chen Y-Y，Felmetsger VV，et al. AlN/3C-SiC Composite Plate Enabling High-Frequency and High-Q Micromechanical Resonators［J］. Advanced Materials，2012，24：2722~2727.

[51] 金浩．薄膜体声波谐振器（FBAR）技术的若干问题研究［D］．杭州：浙江大

学, 2006.

[52] Katardjiev I, Yantchev V. Recent developments in thin film electro-acoustic technology for biosensor applications [J] . Vacuum, 2012, 86: 520~531.

[53] Wencheng X, Seokheun C, Junseok C. A contour-mode film bulk acoustic resonator of high quality factor in a liquid environment for biosensing applications [J] . Applied Physics Letters, 2010, 96: 053703.

[54] Chen D, Xu Y, Wang J, et al. Nerve gas sensor using film bulk acoustic resonator modified with a self-assembled Cu^{2+}/11-mercaptoundecanoic acid bilayer [J] . Sensors and Actuators B: Chemical, 2010, 150: 483~486.

[55] Ting-Ta Y, Taku H, Paul KW, et al. Corrugated aluminum nitride energy harvesters for high energy conversion effectiveness [J] . Journal of Micromechanics and Microengeering, 2011, 21: 085037.

[56] Nathan J, Rosemary OK, Finbarr W, et al. Influence of aluminum nitride crystal orientation on MEMS energy harvesting device performance [J] . Journal of Micromechanics and Microengeering, 2013, 23: 075014.

[57] Taniyasu Y, Kasu M, Makimoto T. An aluminium nitride light-emitting diode with a wavelength of 210 nanometres [J] . Nature, 2006, 441: 325~328.

[58] Khan MA, Shatalov M, Maruska HP, et al. Ⅲ - Nitride UV Devices [J] . Japanese Journal of Applied Physics, 2005, 44: 7191.

[59] Schlesser R, Dalmau R, Sitar Z. Seeded growth of AlN bulk single crystals by sublimation [J] . Journal of Crystal Growth, 2002, 241: 416~420.

[60] Zhou CJ, Yang Y, Shu Y, et al. Visible-light photoresponse of AlN-based film bulk acoustic wave resonator [J] . Applied Physics Letters, 2013, 102: 191914.

[61] Won D, Redwing J M. Effect of AlN buffer layers on the surface morphology and structural properties of N-polar GaN films grown on vicinal C-face SiC substrates [J] . Journal of Crystal Growth, 2013, 377: 51~58.

[62] Xiong H, Dai J N, Hui X, et al. Effects of the AlN buffer layer thickness on the properties of ZnO films grown on c-sapphire substrate by pulsed laser deposition [J] . Journal of Alloys and Compounds, 2013, 554: 104~109.

[63] Zuo S, Wang J, Chen X, et al. Growth of AlN single crystals on 6H-SiC (0001) substrates with AlN MOCVD buffer layer [J] . Crystal Research and Technology, 2012, 47 (2): 139~144.

[64] Yushamdan Y, Mohd Z M Y, Mahmood A, et al. The Investigation of Porous $Al_xGa_{1-x}N$ Layers on Si (111) Substrate with GaN/AlN as Buffer Layer [C] . International Conference for Nanomaterials Synthesis and Characterization: Selangor, MALAYSIA, 2011: JUL 04~05.

[65] Edwards N, Bremser M, Davis R, et al. Trends in residual stress for GaN/AlN/6H-SiC heterostructures [J] . Applied Physics Letters, 1998, 73: 2808~2810.

[66] Paskova T, Birch J, Tungasmita S, et al. Thick hydride vapour phase epitaxial GaN layers grown on sapphire with different buffers [J]. Physica Status Solidi (a), 1999, 176: 415~419.

[67] Akasaki I, Amano H, Koide Y, et al. Effects of AlN buffer layer on crystallographic structure and on electrical and optical properties of GaN and $Ga_{1-x}Al_xN$ ($0<x<0.4$) films grown on sapphire substrate by MOVPE [J]. Journal of Crystal Growth, 1989, 98: 209~219.

[68] Wu C L, Shen C H, et al. The effects of AlN buffer on the properties of InN epitaxial films grown on Si (111) [J]. Journal of Crystal Growth, 2006, 288: 247~253.

[69] Jiang F, Zheng C, Wang L, et al. The growth and properties of ZnO film on Si(111) substrate with an AlN buffer by AP-MOCVD [J]. Journal of Luminescence, 2007, 122~123: 905~907.

[70] 胡利民. AlN 薄膜的制备与介电性能研究 [D]. 长沙: 中南大学, 2007.

[71] Benjamin M C, Wang C, Davis R F, et al. Observation of a negative electron-affinity for hetero epitaxial AlN on alpha 6H-SiC(001) [J]. Applied Physics Letters, 1994, 64: 3288~3290.

[72] Zhao Q, Xu J, Xu X Y, et al. Field emission from AlN nanoneedle arrays [J]. Appl Phys Lett, 2004, 85: 5331~5333.

[73] 邵乐喜, 刘小平, 谢二庆. 热退火对射频反应溅射 AlN 薄膜场电子发射的影响[J]. 无机材料学报, 2001 (16): 1015~1018.

[74] Saleh R, Nickel N H, Maydell K V. Laser crystallization of compensated hydrogenated amorphous silicon thin films [J]. Journal of Narometer Crystal Solids, 2006, 352: 1003.

[75] Jian S R, Juang J Y. Indentation-Induced Mechanical Deformation Behaviors of AlN Thin Films Deposited on c-Plane Sapphire [J]. Journal of Nanomaterials, 2012 (36): 1~6.

[76] Kim D G, Seong T Y, Baik Y J. Effects of annealing on the microstructures and mechanical properties of TiN/AlN nano-multilayer films prepared by ion-beam assisted deposition [J]. Surface and Coatings Technology, 2002, 153 (1): 79~83.

[77] Shum P W, Tam W C, Li K Y, et al. Mechanical and tribological properties of titanium-aluminium-nitride films deposited by reactive close-field unbalanced magnetron sputtering [J]. Wear, 2004, 257 (9~10): 1030~1040.

[78] 缪向水, 胡用时, 林更琪. AlN 和 AlSiN 薄膜的制备工艺及其光学特性 [J]. 华中理工大学学报, 1995 (23): 187~188.

3 ZnO 和 AlN 薄膜的常用制备方法及性能表征手段

3.1 引言

理想的薄膜可以认为是块体材料的一薄片，但实际薄膜往往是附着于衬底上而与衬底在组分或结构等方面存在着差异并与块体材料结构等方面也有所不同的薄层物质。薄膜的性质与厚度有密切关系，在材料表面或界面几个至几十个原子层范围内的原子和电子结构与块体内部有较大差别。通常厚度在 1nm 到几十微米之间的薄膜，表面和界面特性起重要作用，且介于这个范围的薄膜，具有薄膜的特有性质。薄膜过薄，由于材料间的互扩散会出现不稳定性，其特性往往由衬底材料决定。若薄膜厚度过大，其性质与块体材料没什么区别。

薄膜具有以下特点：可以通过更换源材料和引入不同气体实现薄膜的组分随厚度改变，即形成多层薄膜或同一层内组分缓变的薄膜，也就是可以实现薄膜组分的突变或缓变。薄膜生长的初期，往往是围绕核而长大的岛状，只是在以后才逐步连成片形成完整的一层。在极薄的薄膜中，其厚度的均匀性以及因其导致的特性的均匀性是比较差的。界面态对于薄膜特性的影响程度随薄膜厚度而变。刚淀积的薄膜和非晶态薄膜表现出亚稳态特性。当衬底温度远低于薄膜材料的熔点或玻璃转换温度时，这种亚稳态特性更加突出，其表现为结构疏松，填充因子小及特性随外界环境而变化。为了使薄膜结构致密、表面平滑和性能良好而采用一些措施，对正在生长的薄膜表面进行改性，如电子轰击、离子轰击等。这种轰击对于提高表面化学吸附速率和降低衬底温度也是很有效的。不同的工艺方法所制备的同种薄膜在特性上差别很大，因此，同一薄膜用于不同目的，往往可能采用不同的制备方法。用同种工艺制备同一材料的薄膜，其特性受工艺参数和反应室内结构细节的影响也是很大的。工艺参数对任何一种薄膜的制备，都有最佳的配合，否则所制备的薄膜性能不好，有时甚至无法制备出薄膜来。优化工艺条件包括气态源的选择与产生，衬底温度、反应室压力和各种气体的流量控制，加热方式或直流、低频交流或射频和功率以及抽气速率等等。反应室内的细小变化往往对薄膜淀积质量和速率起重要作用，包括电场、磁场和温场的加入，靶与衬底耦合情况的改变，电极间距的变动，气流引入位置和分布的调整，电子轰击和离子轰击，隔板位置和几何尺寸的选取等等。单晶薄膜需要界面上晶格匹配和线膨胀系数匹配，有时应用一定的缓冲层或过渡层可以改善晶格匹配和线膨胀系数匹配。多晶和非晶薄膜对基体的选择限制要少一些，但也有线膨胀系数的匹配问题。由于以上原因，可以制备具有不同特性适于不同应用要求的薄膜，其厚度可以任意变化，不需切片，没有机械加工带来的损伤。

薄膜可分为多孔膜和非多孔膜。从结晶学的角度，薄膜主要分为三种：无定形薄膜、多晶薄膜和单晶薄膜。从化学成分上可分为元素薄膜、合金薄膜、化合物薄膜、有机薄膜、金属微粒-绝缘体薄膜和金属微粒-半导体薄膜以及超晶格薄膜[1]。

薄膜制备技术的发展是材料发展的基础，不同的应用对薄膜的厚度、表面平整度、结晶取向以及光电、压电等性质的要求各异。这些差异是由不同的制备技术及工艺参数所决定的，各种制备方法各有优缺点。ZnO 和 AlN 薄膜的制备方法很多，要想生长出高质量的薄膜，首先要找出沉积速率快，生长温度低，而且设备简单、成本低的方法。本章首先介绍了制备这两种薄膜常用的方法，然后介绍了对薄膜性能进行表征常用的测试方法。

3.2 ZnO 和 AlN 薄膜常用的制备方法

为了实现 AlN 和 ZnO 薄膜在实用化器件等方面的应用，制备高质量的 AlN 和 ZnO 薄膜就显得尤为重要。近年来，大多数成膜技术都已应用于 AlN 和 ZnO 薄膜的制备，比较成熟的有：脉冲激光沉积(PLD)[2]、分子束外延（MBE）[3]、金属有机物化学气相沉积(MOCVD)[4]、超声喷雾热分解（USP）、溶胶-凝胶（sol-gel）、溅射法[5]、真空蒸发（VE）[6]、电子束蒸发（E-beam evaporation）、离子束辅助沉积（IBAD）等。下面对这几种方法进行一一介绍。

3.2.1 超声喷雾热分解（USP）

20世纪中期，Chamberli等人利用该技术制备出了CdS基太阳能电池，作为一种新型的薄膜制备技术，在半导体领域很快得到了迅速发展。在制备薄膜过程中，超声雾化器将产生频率（Hz）达10^6数量级以上的表面张力波，将溶液雾化成小液滴，这些液滴通过输送系统被输送到衬底表面，经过蒸发和再溶质过程，最终在衬底表面沉积了固态薄膜。超声喷雾热解技术日趋成熟，已经逐渐应用于ZnO薄膜的制备和光电性质的研究中。Choi等人以MgO为衬底，采用异质外延的方式，外延生长ZnO薄膜材料。分析结果表明，成膜过程中衬底温度对薄膜结构和发光特性有一定的影响，在300℃下，择优取向生长特性最显著，随着温度的升高，晶界扩大，可以观察到明显的晶粒熔合的现象，薄膜的光学特性和电学特性都有所增强。Bian等人利用超声喷雾法，选用间接带隙半导体Si材料作为衬底，制备了ZnO薄膜，研究了衬底温度对薄膜生长速率的影响，发现在400℃时薄膜生长速率最快，在550℃时薄膜晶体取向性最好。目前，虽然USP技术已经得到一定程度的应用，但是薄膜的生长模式难以控制，而生长模式对薄膜的晶体质量有着重要的影响，随着这些研究的开展，一定会推动超声喷雾技术的发展[7]。

3.2.2 溶胶-凝胶（sol-gel）

溶胶-凝胶法是将锌的可溶性无机盐或有机盐如$Zn(NO_3)_2$、$Zn(CH_3COO)_2$等，在催化剂冰醋酸及稳定剂乙醇胺等作用下，溶解于乙二醇独甲醚等有机溶剂中形成溶胶。然后，采用提拉法或甩胶法将溶胶均匀涂于基片上。涂胶一般在提拉设备或匀胶机上进行。每涂完一层后，即置于200~450℃下预烧，并反复多次，直至达到所需厚度。最后，在500~800℃下进行退火处理，即得ZnO薄膜。预烧后的干膜采用激光辐照，可以获得更好性能的ZnO薄膜。ZnO薄膜的定向生长率与激光的能量强度有关，激光能量密度低时，ZnO薄膜的定向生长较弱，激光能量密度高时，ZnO薄膜定向生长强。激光处理还使 ZnO 薄膜产生的氧空位比常规热处理更高，使电阻率显著降低。高能量密度激光处理的 ZnO 薄膜的能带结构表现出间接禁带的特征[100]，其可能主要由氧空穴的大量存在所引起。

该法可以用于 ZnO 薄膜气敏元件的制备和大面积太阳能电池中电极的制备。它的特点是容易实现多种元素的掺杂，可精确控制掺杂水平，成膜均匀性好，对衬底附着力强，而且无需真空设备，成本低，适于批量生产。但溶胶-凝胶法生长的 ZnO 薄膜结晶质量不太好，而且该技术不能与 IC 平面工艺相容，这就制约了溶胶-凝胶法的发展[1]。

3.2.3 分子束外延（MBE）

分子束外延是通过原子、分子或离子的物理与化学沉积来实现外延生长的。该方法可进行原子层生长、易于控制组分和高浓度掺杂，特别适合生长超薄多层量子阱和超晶格材料。分子束外延主要有等离子体增强分子束外延（P-MBE）和激光增强分子束外延（L-MBE）两种。生长 ZnO 材料，高纯的金属 Zn 蒸汽源来自喷射炉的蒸发，因此喷射炉的温度是控制 Zn 流量的最重要因素。通常，高纯 O_2 作为反应的氧源，为了增加其活性，常采用电子回旋共振装置（ECR）或等离子射频（rf-plasma）装置。Tamura 等采用 L-MBE 法在 Al_2O_3（0001）和 SCAM（0001）衬底上生长 ZnO 外延薄膜，发现在晶格匹配衬底 SCAM 上生长的 ZnO 薄膜质量远远高于以 Al_2O_3 为衬底的薄膜，ZnO 的结晶性和表面形貌均得到极大的改善。若在 SCAM 上插入一层退火 ZnMgO 缓冲层，其霍尔迁移率甚至可以高达 $440cm^2/(V\cdot s)$，是 Al_2O_3 衬底上薄膜的 4 倍，也高于体单晶的迁移率 $200cm^2/(V\cdot s)$。这是因为采用晶格匹配的 SCAM 作衬底，外延薄膜的纯度比体单晶的高，且薄膜中的缺陷密度比体单晶的低。然而 MBE 生长成本比较高，这是它的一个不足之处。

3.2.4 金属有机物气相沉积（MOCVD）

金属有机物气相沉积是一种利用含 Zn 的有机金属化合物为 Zn 源，在一定的温度条件下汽化、分解和沉积的气相外延生长薄膜的

CVD技术。常用ZnO源为二甲基锌（DMZn）和二乙基锌（DEZn），氧源可以选择为CO_2、O_2、N_2O和H_2O，目前常用的是O_2。衬底可以是蓝宝石、Si和玻璃等，而沿Al_2O_3不同面生长的ZnO的性质有较大差异，因此可根据不同的需求而选择不同的生长面。DMZn和DEZn相比，DMZn的生长速度快，但它的污染更严重，而且由于DMZn与O_2和H_2O等的反应强，很难控制其气相反应，因此通常选DEZn。无论是DMZn还是DEZn，都容易与O_2源过早反应。由于常温下即可发生气相反应，而生成的微粒容易进入ZnO薄膜而降低生长质量，因此，生长高质量的ZnO薄膜的关键在于限制其气相反应。解决的办法是改变气体的输入位置并在通气的同时旋转基片。MOCVD法中使用的有机源极易氧化，且精确控制氧气流量很不容易。为了克服这些困难，引入了等离子辅助MOCVD和激光辅助MOCVD。MOCVD法需要进行退火处理，以改进其c轴择优定向，提高薄膜质量。利用不同掺杂气体，易于实现多种掺杂[1]。

MOCVD法成膜质量好[8]，并且能实现高速度、大面积、均匀、多片一次生长，符合产业化的发展要求，因此MOCVD法生长ZnO薄膜成为人们研究的重点。MOCVD法的缺点是原料化学性质不稳定、有毒且价格昂贵，尾气需要专门设备处理。

3.2.5 脉冲激光沉积（PLD）

脉冲激光沉积技术也称为脉冲激光烧蚀，是利用激光的高能量轰击靶材，使得靶材蒸发物沉积在衬底上的一门技术。1965年，Smith和Turner首先利用红宝石脉冲激光器在衬底上实现了薄膜沉积，然而由于受到当时激光技术发展水平较低的限制，PLD技术发展缓慢，制备的薄膜质量也相对较低，不能达到预期的要求。近十年来，随着激光技术的快速发展，PLD制备薄膜技术也得到了显著的提升，并可以沉积具有化学计量的薄膜。伴随高效谐波激光器与激基分子激光器的相继问题，非热能激光熔化靶材物质也成为实际操作中的有效方法。PLD技术沉积薄膜拥有很多突出的优点，诸如较容易实现预期的化学计量比，成分可以得到保证；同时，衬底温度低，沉积速率较快，制备的薄膜具备较好的均匀性；激光能量高，不会引起杂质污染，可以保证 ZnO 薄膜具有较好的纯度。但是，PLD 方法还有一定缺陷也值得我们关注，由于激光能量较高，在与靶材作用时会溅射出一些小颗粒或者碎片，将严重影响薄膜的晶体质量。再者，PLD 制备的薄膜厚度不均匀，且很难控制，因此很难实现大规模的生产。此外，PLD 设备制备薄膜进行掺杂难度较大，仍然是当前一个急需解决的问题[7]。

3.2.6 真空蒸发（VE）

真空蒸发镀膜属于物理气相沉积法，是制备薄膜的一般方法。这种制作方法是把装有基片的真空室抽成 10^{-2} Pa 以下的真空，然后再加热镀料，使表面原子或者分子发生气化反应，逸出并形成蒸汽流，入射到基片的表面，凝结形成固态的薄膜。真空蒸发镀膜设备主要由两大部分组成，即真空镀膜室和真空抽气系统。真空镀膜室内有蒸发源、基片、被蒸镀材料和基片支架等，其原理如图 3-1 所示。制备质量较好的外延薄膜，可以在制备过程中，通过调整蒸发速度，改变加热电流来实现。通过改变蒸发轴与基地表面直接的夹角可以制备不同形状的薄膜，如沉积均匀薄膜时需使夹角为90°，沉积楔形薄膜时需使夹角成一定的角度。实现真空蒸发法镀膜，必须具备三个条件：冷的基片，以便于气体镀料凝结成为薄膜；真空环境，方便于气相镀料向基片的运输；热的蒸发源，使镀料蒸发。

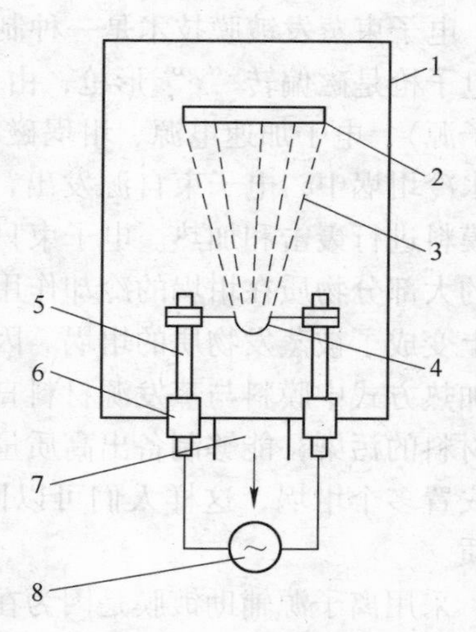

图 3-1 真空蒸发原理图

1—镀膜室；2—基片（工件）；3—镀料蒸汽；4—电阻蒸发源；5—电极；6—电极密封绝缘体；7—排气系统；8—交流电源

真空蒸发镀膜法的优点为：（1）制备的薄膜纯度高、质量好，可较准确地控制薄膜的厚度；（2）薄膜的生长机理较为单纯；（3）设备简单、操作容易方便；（4）成膜效率高、速率快，用掩膜可以获得比较清晰的图形等。

真空蒸发镀膜法的缺点为：（1）制备的镀膜使用寿命较短；（2）薄膜的均匀性比较难控制；（3）制备的薄膜结晶质量较差；（4）工艺重复性不够好；（5）不能蒸发高熔点的材料等[9]。

3.2.7 电子束蒸发（E-beam evaporation）

电子束蒸发镀膜技术是一种制备高纯物质薄膜的主要方法。常用的电子枪是磁偏转“e”形枪，由电子发射源（通常是热的钨阴极作电子源）、电子加速电源、坩埚磁场线圈、冷却水套等组成。膜料放入水冷坩埚中，电子束自源发出，用磁场线圈使电子束聚焦和偏转，对膜料进行轰击和加热。电子束只轰击到其中很少的一部分物质，其余的大部分物质在坩埚的冷却作用下一直处于很低的温度，即后者实际上变成了被蒸发物质的坩埚。因此，电子束蒸发沉积方法解决了电阻加热方式中膜料与蒸发源材料直接接触容易互混的问题，避免了坩埚材料的污染，能够制备出高质量的薄膜。在同一蒸发沉积装置中可以安置多个坩埚，这样人们可以同时或分别蒸发和沉积多种不同的物质。

采用离子源辅助镀膜是因为在薄膜形成的开始阶段，离子束的轰击能使有些膜料粒子渗入基底表面，形成伪扩散层，有利于增强附着力及改善膜层的应力；在沉积过程中，离子束轰击正在生长的薄膜，减少了阴影效应，提高了吸附原子的迁移率，改善了薄膜的微观结构，使膜层致密。常用的离子源有克夫曼离子源、霍尔离子源，霍尔离子源是近年发展起来的一种低能离子源。这种源没有栅极，阴极在阳极上方发出热电子，在磁场作用下提高了电子碰撞工作气体的几率，从而提高了电离效率。正离子因阴极与阳极间的电位差而被引出，离子能量一般很低（50~150eV），但离子流密度较高，发散角大，维护容易。

电子束蒸发设备结构简单，成本低廉，而且可以蒸发高熔点材料，其镀膜质量也可以达到较高水平，是一种易于实现大批量生产的成熟镀膜技术[10]。

利用电子束蒸发的方法将金属或非金属材料沉积到衬底上涉及三个过程：

过程一：电子束蒸发源的热蒸发。电子束蒸发是由加热灯丝而发射的电子，电子加速电压为5~10kV，受到阳极电场加速，并在受激励磁场线圈的磁场作用下，电子束偏转射入坩埚，其动能转化为热能，使电子束斑位置的靶材瞬间被加热到3000~6000℃的高温，使高熔点元素达到足够高的温度并产生适量的蒸汽压。

过程二：蒸发物质的原子或分子从蒸发源向衬底表面的迁移。由于电子束蒸发过程处于高真空系统下，所以在背底真空度很低的情况下，绝大多数的蒸发物质的原子或分子不会出现参与气体分子发生碰撞的情况，而是沿着直线路径向衬底表面迁移。

过程三：蒸发物质的原子或分子沉积在衬底表面形成薄膜。蒸发物质的原子或分子迁移到衬底表面后，以衬底表面的原子为中心凝结成核，并逐渐增大。从凝结核进一步成长并形成结晶膜，最终在衬底表面沉积形成网状的薄膜。

因此，电子束蒸发就是利用高压加速电子迅速转化的热能使靶材瞬间蒸发形成原子或分子。而在薄膜生长的过程中，与蒸发物质的原子或分子在衬底上停留的时间长短有直接关系，这需要在实验过程中考虑到衬底材料的种类、衬底温度以及薄膜厚度等因素的影响[11]。

3.2.8 离子束辅助沉积（IBAD）

离子束辅助沉积法是近代薄膜制备技术中的一种重要方法。其原理是，用某种方法（磁控溅射、真空蒸发、离子束溅射、电子束溅射、原子束溅射等）将被沉积物沉积到衬底，同时用具有一定能量的离子束轰击衬底。离子束辅助沉积（IBAD）也是近年研究较多的方法，如 Chuanling Men 等人采用离子束增强辅助沉积的方法在 n 型单晶 Si（100）衬底上制备出了 c 轴取向 AlN 薄膜，其衬底的温度为700℃，薄膜具有较好的介电性能，且表面光滑，表面均方根粗糙度为0.13nm[12]。离子束辅助沉积可制备出质量较好的 AlN 薄膜，但沉积速率较低。

3.2.9 溅射法

按照所使用的电源类型，溅射可以分为直流溅射和射频溅射两种基本的类型。在现代的科研开发中，通常利用磁场控制溅射过程中的等离子体，使其具有更快的沉积速率、更小的薄膜溅射损伤。往生长室中通入反应气体，还可以进行反应溅射。溅射技术具有生产成本低、成膜速率快和设备工艺简单稳定等优点，已广泛应用于金属、半导体和绝缘体薄膜的制备。

因为本书中实验采用的制备方法是溅射法，所以接下来首先对溅射镀膜的基本原理、溅射特性、溅射过程和射频磁控反应溅射技术等做了详细介绍，然后介绍了实验设备系统的组成及薄膜制备的工艺流程，最后列举了对薄膜性能进行表征的常用测试方法。

3.3 溅射镀膜的基本原理

所谓“溅射”是指荷能分子轰击固体表面（靶），使固体原子或分子从表面射出的现象。用于轰击靶的荷能分子可以是电子、离子或中性分子，因为离子在电场作用下易于加速并获得所需动能，因此大多采用离子作为轰击分子。溅射这一物理现象是130多年前由格洛夫（Grove）发现的，现已广泛地应用于各种薄膜的制备，包括金属、合金、半导体、氟化物、氧化物、硫化物、硒化物、碲化物和Ⅲ-Ⅴ族、Ⅱ-Ⅵ族元素的化合物薄膜，以及硅化物（如 Cr_3Si，$MoSi_2$，$TiSi_2$，WSi_2），碳化物（如 CrC_2，HfC，SiC，TaC，TiC，WC）和硼化物（如 CrB_2，MoB_2，HfB_2，TaB_2，TiB，WB）。

3.3.1 辉光放电和溅射机理

溅射镀膜基于荷能离子轰击靶材时的溅射效应，而整个溅射过程都是建立在辉光放电的基础之上，即溅射离子都来源于气体放电。根据引起气体放电的机制不同，可形成不同的溅射技术，主要有直流溅射、射频溅射和磁控溅射等。辉光放电是气体放电的一种类型，是指在真空度为1~10Pa的稀薄气体中，两个电极之间加上电压时产生的一种气体放电现象。溅射时固体表面在入射离子的高速碰撞下，放射出的二次电子是溅射中维持辉光放电的基本分子，并使基板升温，其能量与靶的电位相等。在辉光放电时，两极间的电压和电流关系不能用简单的欧姆定律来描述，因为两者之间不是简单的线性关系。图3-2表示直流辉光放电的形成过程，即两电极之间的电压随电流的变化曲线。在气体放电过程中，存在几种不同的放电区，即：无光放电区、汤姆森放电区、正常辉光放电区、异常辉光放电区和弧光放电区。

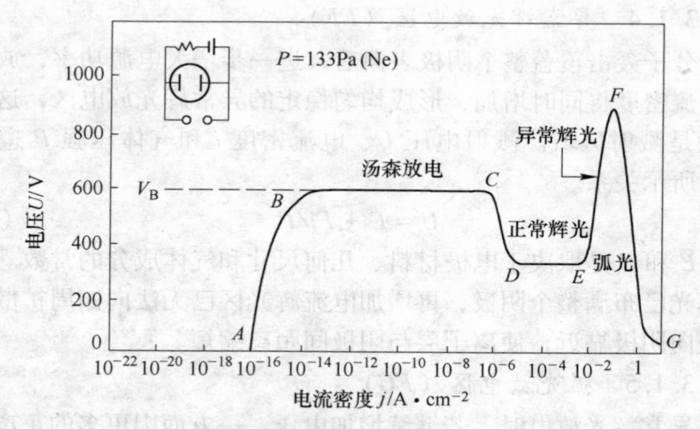

图3-2 直流辉光放电的伏安特性曲线

3.3.1.1 *无光放电区*（*AB*）

由于在放电容器中充有少量气体，因而总是有一部分气体分子以游离状态存在着。当两极间加上电压时，这些少量的游离离子和电子在电场的作用下运动，形成电流。由于这些游离的离子和电子数量是恒定的，而且很有限，所以开始时电流的密度很小。一般情况下仅有$10^{-16}\sim10^{-14}A/cm^2$，此时导电而不发光，故称无光放电区。

3.3.1.2 *汤姆森放电区*（*BC*）

随着两极间电压的进一步升高，带电离子和电子获得了足够的能量，运动速度加快，与中性气体分子碰撞产生电离，新产生的离子和电子被加速后又使更多的气体分子电离，使电流平稳升高。但是，电压却受到电源的高输出阻抗限制而呈一常数，这一区域称为“汤姆森放电区”。

3.3.1.3 正常辉光放电区（CE）

当电压进一步增加时，汤姆森放电的电流也随之增加。当电流增加到 C 点时，由于产生了足够的离子和电子使放电达到自持，气体开始起辉，电压突然下降，电流增大，同时出现带颜色的辉光，此过程称为气体击穿。图中的 V_B 称为击穿电压，击穿后气体的发光放电称为辉光放电。继续增加电源功率，电压维持不变，电流平稳增加，此即正常辉光放电区。

3.3.1.4 异常辉光放电区（EF）

当分子轰击覆盖整个阴极表面后，进一步增大电源功率，放电电压和电流密度将同时增加，形成均匀稳定的异常辉光放电区，这个放电区就是溅射区域。溅射电压 U、电流密度 j 和气体压强 P 遵守式（3-1）所示关系。

$$U = E + Fj/P \tag{3-1}$$

式中，E 和 F 是取决于电极材料、几何尺寸和气体成分的常数。因为此时辉光已布满整个阴极，再增加电流辉光区已无法向四周扩散，离子层便向阴极靠近，使离子层与阴极间距离缩短。

3.3.1.5 弧光放电区（FG）

在异常辉光放电时，若继续增加电压，一方面因更多的正离子轰击电极而产生大量的电子发射；另一方面因为阴极的强电场使暗区收缩。当电流密度在 $0.1 \sim 1\mathrm{A/cm^2}$ 时，电压开始急剧下降而电流突然增加，相当于两电极间短路，出现低压大电流弧光放电，这种放电是有害的，在溅射时应力求避免，防止突然增大的电流烧毁阴极和损坏其他电源设备。

溅射现象早在一百多年前就为人们所发现，并得到了广泛的应用。但是由于溅射是一个极为复杂的物理过程，涉及的因素很多，长期以来对溅射的机理虽然进行了很多的研究，提出过许多的理论，但是都不能完善地解释溅射现象。目前比较成熟的理论为热蒸发理论和动量转移理论。热蒸发理论在一定程度上解释了溅射的某些规律和现象，如溅射率与靶材料的蒸发热和轰击离子的能量关系、溅射原子的余弦分布规律等。但是，这一理论不能解释溅射率与离子入射角的关系、单晶材料溅射时溅射原子的角分布的非余弦分布定律，以及溅射率与入射离子质量的关系等。

对于溅射特性的深入研究表明溅射完全是一个动量转移过程。因此，现在动量转移理论已经被人们广泛地接受。动量转移理论认为，低能离子碰撞靶材时，不能从固体表面直接把原子溅射出来，而是把动量转移给被碰撞的原子，引起晶格点阵上原子的链锁式碰撞。这种碰撞将沿着晶体点阵的各个方向进行，同时碰撞在原子最紧密排列的方向最有效，结果晶体表面的原子从近邻原子那里得到越来越大的能量，如果这一能量大于原子的结合能，则原子就会被溅射出来。溅射原子的弹性碰撞模型如图 3-3 所示。

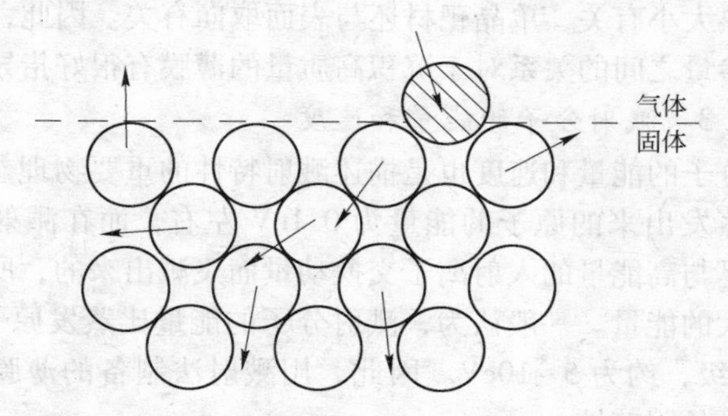

图 3-3 溅射原子的弹性碰撞模型

3.3.2 溅射特性

表征溅射的参量有溅射阈值、溅射率、溅射分子的速度和能量等。

3.3.2.1 溅射阈值

所谓溅射阈值是指使靶材原子发生溅射的入射离子所必须具有的最小能量。当入射离子能量小于溅射阈值时，就不可能发生溅射现象。对于不同的靶材料其溅射阈值也不尽相同。入射离子种类不同时溅射阈值的变化很小，而对于不同的靶材料溅射阈值的变化就比较明显。因此溅射阈值与入射离子质量之间无明显的依赖关系，其值的大小主要取决于溅射靶材料。对于周期表中同一周期的元素，溅射阈值随着原子序数的增加而减小。对于大多数金属来说，溅射阈值约为

10~20eV。

3.3.2.2 溅射率

溅射率是衡量溅射效率的重要参量，它表示正离子轰击靶阴极时，平均每个正离子能从靶阴极上打出的分子数，又称溅射产额或溅射系数，常用S表示。溅射率公式见式（3-2）。

$$S = N_S/N_I \tag{3-2}$$

式中，N_I为外部入射到靶表面的分子数，N_S为靶表面被溅射出来的原子数。溅射率在很大程度上决定了薄膜生长速率的快慢，而其数值则与入射离子的种类、能量、入射角、靶材类型、晶格结构、表面状态及升华热大小有关，单晶靶材还与表面取向有关。因此，了解溅射率与其他参量之间的关系对于沉积高质量的薄膜有很好指导作用。

3.3.2.3 溅射分子的能量和速度

溅射分子的能量和速度也是描述溅射特性的重要物理参数。一般由蒸发源蒸发出来的原子的能量为0.1eV左右，而在溅射中，由于溅射分子是与高能量的入射离子交换动量而飞溅出来的，所以溅射分子具有较大的能量。一般认为，溅射分子的能量比蒸发原子能量大1~2个数量级，约为5~10eV。因此，用溅射法制备的薄膜与衬底之间有着优良的附着性。

溅射分子的能量与靶材料、入射离子的种类和能量以及溅射分子的方向性有关。实验结果表明，溅射分子的能量和速度具有以下特点：

（1）重元素靶材被溅射出来的分子有较高的逸出能量，而轻元素靶材则有较高的逸出速度；

（2）不同的靶材溅射分子的能量也不同，溅射率高的靶材料，通常有较低的平均分子逸出能量；

（3）在相同入射离子能量的条件下，分子逸出能量随入射离子质量线性增加，轻入射离子溅射出的分子的逸出能量较低，而重入射离子溅射出的分子的逸出能量较大，这与溅射率的情形相类似；

（4）溅射分子的平均逸出能量，随入射离子能量的增加而增加，当入射离子能量达到10keV以上时，平均逸出能量逐渐趋于一个恒定值；

(5) 在倾斜方向逸出的分子具有较高的逸出能量，这符合溅射的碰撞过程遵守动量和能量守恒定律。

此外，实验结果表明，靶材料的结晶取向与晶体结构对逸出能量的影响不大。

3.3.3 溅射过程

溅射镀膜涉及三个过程，即靶材表面的溅射、溅射分子由靶材表面到基板表面的迁移和溅射分子在基板表面成膜。

3.3.3.1 靶材表面的溅射过程

当入射分子轰击靶材时，将动量传递给靶材原子，使其获得能量。这一能量一旦超过其结合能时就会使靶材原子产生溅射，这是靶材在溅射时主要发生的过程。实际上，溅射过程十分复杂，当高能入射离子轰击靶材表面时，会产生很多效应。例如，入射分子可能从靶表面反射，或在轰击过程中捕获电子后成为中性原子或分子，从表面反射；离子轰击靶引起靶表面逸出电子，即所谓次级电子；离子深入靶表面产生注入效应，称离子注入；此外，还能使靶表面结构和组分发生变化，以及使靶表面吸附的气体解吸和在高能离子入射时产生辐射射线等。

3.3.3.2 溅射分子的迁移过程

靶材受到轰击所逸出的分子中，正离子由于反向电场的作用不能到达衬底表面，靶材原子或分子和电子均向衬底方向迁移。大量的中性原子或分子在放电空间飞行过程中，会与溅射气体发生碰撞。溅射镀膜的工作气压一般为0.1~10Pa，此时溅射分子与溅射气体碰撞的平均自由程约为1~10cm，因此为了减小迁移过程中由于溅射分子与溅射气体碰撞而引起的能量损失，靶材与衬底之间的距离应与该自由程大致相等，以减小溅射分子由于碰撞引起的能量损失。尽管溅射原子在向衬底的迁移过程中，会因与工作气体分子碰撞而降低其能量，但是，由于溅射出的靶材原子能量远远高于蒸发原子的能量，所以溅射过程中沉积在基板上靶材原子的能量仍比较大。

3.3.3.3 溅射分子的成膜过程

由于基板表面存在着许多不饱和键或悬挂键，这种键具有吸附外来原子或分子的能力，溅射分子迁移到基板表面而被吸附。吸附原子在基板表面扩散迁移并凝结成核。核再结合其他吸附溅射分子逐渐长大形成小岛。岛再结合其他溅射原子便形成薄膜。

薄膜的生长过程直接影响到薄膜的结构以及它最终的性能。像其他材料一样，总可以把薄膜的生长过程大致划分为两个阶段，即新相形核与薄膜生长两个阶段。

A 新相形核阶段

被溅射出来的离子常以原子或分子的形态到达衬底表面。到达的原子吸附在基体表面，也有部分被再蒸发离开表面。吸附在表面上的原子通过迁移结合成原子对，再结合成原子团。原子团不断与原子结合增大到一定尺寸形成稳定的临界晶核，此时约 10 个原子左右。

在薄膜沉积过程的最初阶段，都需要有新相的核心形成。新相的形核过程可以被分为两种类型，即均匀形核与非均匀形核过程。所谓自发形核指的是整个形核过程完全是在相变自由能的推动下进行的，而非自发形核则指的是除了有相变自由能作推动力之外，还有其他的因素起到了帮助新相核心生成的作用，常常是依附在液体中的外来固体表面上形核。一般情况下以非均匀形核为主。

B 薄膜生长阶段

这些比临界核心尺寸小的小岛接受新的原子逐渐长大，而岛的数目则很快达到饱和。小岛像液珠一样通过相互合并而扩大，而空出的衬底表面上又形成了新的岛。这一小岛形成与合并的过程不断进行，直到孤立的小岛之间相互连接成片，最后只留下些孤立的孔洞，并逐渐被后沉积的原子所填充。

临界晶核与到达表面原子结合长大，通过迁移凝聚成小岛，小岛再互聚成大岛，形成岛状薄膜。继续沉积过程，大岛与大岛相互接触连通，形成网状结构。后续原子的沉积，在网格的洞孔中发生二次或三次成核，核长大与网状薄膜结合，或形成二次小岛，小岛长大再与网状薄膜结合，渐渐填满网格的洞孔，网状连接加厚，形成连续薄膜，此时薄膜厚度约几十纳米。薄膜的生长可被分为三种模式，如图 3-4 所示。

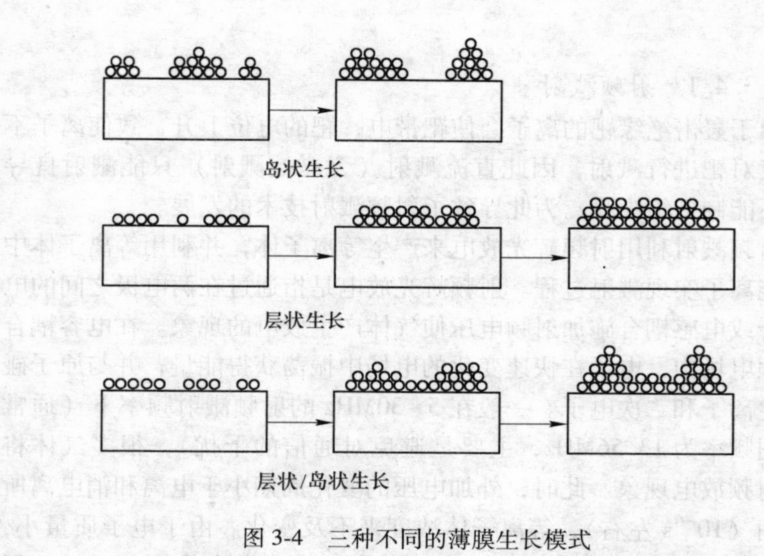

图 3-4 三种不同的薄膜生长模式

（1）岛状生长模式。该生长模式表明，被沉积物质的原子或分子更倾向于自己相互键合起来，而避免与衬底原子键合，即被沉积物质与衬底之间的浸润性较差。

（2）层状生长模式。当被沉积物质与衬底之间浸润性很好时，被沉积物质的原子更倾向于与衬底原子键合。因此，薄膜从形核阶段开始即采取二维扩展模式。显然，只要在随后的过程中，沉积物原子间的键合倾向仍大于形成外表面的倾向，则薄膜生长将一直保持这种层状生长模式。

（3）中间生长模式。在层状/岛状中间生长模式中，在最开始一两个原子层厚度的层状生长之后，生长模式转化为岛状模式。导致这种模式转变的物理机制比较复杂。由生长的情况可以看出，开始的时候层状生长的自由能较低，但其后，岛状生长在能量方面反而变得更加有利。

3.3.4 射频磁控反应溅射技术

射频磁控反应溅射技术是在溅射镀膜的基础上逐步发展起来的一种较为新型的镀膜技术，综合了射频溅射、磁控溅射及反应溅射的特点。

3.3.4.1 射频溅射

由于轰击绝缘靶的离子会使靶带电，靶的电位上升，致使离子不能继续对靶进行溅射，因此直流溅射（含磁控溅射）只能溅射良导体，不能制备绝缘膜，为此导致了射频溅射技术的发展。

射频溅射利用射频辉光放电来产生等离子体，并利用等离子体中的荷能离子实现溅射过程。射频辉光放电是指通过在两电极之间的电容耦合或电感耦合施加射频电压使气体产生放电的现象。在电容耦合的射频电场中，电子在快速变化的电场中振荡获得能量，并与原子碰撞产生离子和二次电子。一般在 5~30MHz 的射频溅射频率下（通常工业用频率为 13.56MHz，主要是避免对通信的干扰），很多气体将产生射频放电现象。此时，外加电压的变化周期小于电离和消电离所需时间（10^{-6}s 左右），等离子体浓度来不及变化。由于电子质量小，很容易跟随外电场从射频电场中吸收能量并在场内作振荡运动。但是，电子在放电空间的运动不是简单地由一个电极到另一个电极，而是在放电空间不断地往复振荡，经过很长的路程。因此，增加了与气体分子的碰撞几率，并使电离能力显著提高。通常，射频辉光放电可以在较低的气压下进行。例如，直流辉光放电常在 0.1~1Pa 下进行，而射频辉光放电可以在 0.01~0.1Pa 的气压下实现。另外，由于正离子质量大，运动速度低，跟不上电源极性的变化，所以可以近似地认为正离子在空间不动，形成更强的空间正电荷，对放电起增强作用。

射频溅射对绝缘靶之所以能进行溅射镀膜，主要是因为在绝缘靶表面上建立起负偏压的缘故。由于电子的迁移率高于离子的迁移率，因此当靶电极通过电容耦合加上射频电压时，到达靶上的电子数目将远大于离子数目，逐渐在靶上有电子的积累，使靶带上一个直流负电位。实验表明，靶上形成的负偏压幅值大体上与射频电压的峰值相等，而在射频电压的正半周期间，电子对靶面的轰击又能中和积累在靶面的正离子，从而实现了在正、负半周中，均可实现溅射。当导电材料的靶使用射频溅射时，必须在靶与射频电源之间串入一只 100~300pF 的电容，以使靶带上负偏压。

射频溅射具有溅射速率高，膜层致密，膜与工件附着牢固等优点，因而在无机介质功能薄膜的制造上获得了广泛的应用。

3.3.4.2　磁控溅射

目前，磁控溅射是应用最广泛的一种溅射沉积方法。磁控溅射的沉积速率，可以比其他溅射法高出一个数量级。另外，由于磁场有效地提高了电子与气体分子的碰撞几率，因而工作气压可以明显降低，即可由 1Pa 降低至 10^{-1} Pa，一方面降低了薄膜污染的倾向，另一方面也将提高入射到衬底表面原子的能量，因而将可以在很大程度上改善薄膜的质量。磁控溅射法是 20 世纪 70 年代在射频溅射的基础上加以改进而发展的一种新型溅射镀膜法，它在射频溅射装置的基础上改进电极结构，通常是在靶阴极内侧装永久磁铁，并使磁场方向垂直于电场方向，以便用磁场约束带电分子的运动。磁控溅射的工作原理如图 3-5 所示。

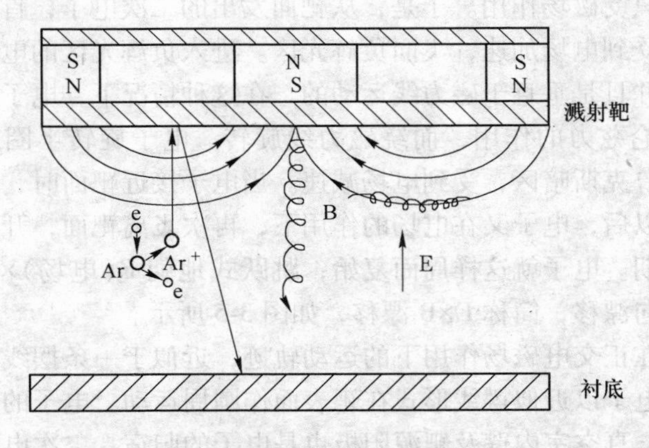

图 3-5　磁控溅射工作原理

在溅射成膜过程中，不仅要抽真空，还要通入一定的气氛（如 Ar）。由于阴阳极的电势差大，并且在低真空状态下，气体发生了辉光放电。真空室内的电子 e 在电场 E 作用下加速运动，当电子速度达到一定值之后，在飞向基板过程中与 Ar 原子发生碰撞，使 Ar 原子电离出 Ar^+ 和一个新的电子 e。碰撞电离的结果使电子数目按等比级数不断增加，称为雪崩式放电过程。电子飞向衬底，Ar^+ 在电场作用下加速飞向阴极靶，并以高能量轰击靶表面，靶材发生溅射，并产生二

次电子 e_1，经过簇射过程产生更多的带电分子，使气体导电。辉光放电的特征是电流强度较小（约几毫安），温度不高，故有特殊的亮区和暗区，呈现瑰丽的发光现象，不同的靶材有不同的辉光颜色。在溅射分子中，中性的靶原子或分子则沉积在衬底上形成薄膜。

辉光在阴极到阳极的空间中的分布是不均匀的，可以分为八个区域。自阴极起分别为：阿斯顿暗区，阴极辉光区，克鲁克斯暗区（以上三个区总称为阴极位降区，辉光放电的基本过程都在这里完成），负辉光区，法拉第暗区，正离子光柱区，阳极暗区，阳极辉光区。各区域随真空度、电流、极间距等改变而变化。二次电子 e_1 一旦离开靶面，就同时受到电场和磁场的作用。为了便于说明电子的运动情况，可以认为二次电子在由包括克鲁克斯暗区与负辉光区的区域中运动。当二次电子在克鲁克斯暗区时，只受电场作用，一旦进入负辉光区就只受磁场作用。于是，从靶面发出的二次电子，首先在克鲁克斯暗区受到电场加速，飞向负辉光区。进入负辉光区的电子具有一定速度，并且是垂直于磁力线运动的。在这种情况下，电子由于受到磁场 B 洛仑兹力的作用，而绕磁力线旋转。电子旋转半圈之后，重新进入克鲁克斯暗区，受到电场减速。当电子接近靶面时，速度即可降到零。以后，电子又在电场的作用下，再次飞离靶面，开始一个新的运动周期。电子就这样周而复始，跳跃式地朝 E(电场)×B(磁场)所指的方向漂移，简称 E×B 漂移，如图 3-5 所示。

电子在正交电磁场作用下的运动轨迹，近似于一条摆线。若为环形磁场，电子以近似摆线形式在靶表面作圆周运动。电子的归宿不仅仅是衬底，真空室内壁及靶源阳极也是电子的归宿。二次电子在磁场的控制下，运动路径不仅很长，而且被束缚在靠近靶表面的等离子体区域中，电离出大量的 Ar^+ 用来轰击靶材，从而实现了磁控溅射沉积速率高的特点。

综上所述，磁控溅射的基本原理，就是以磁场来改变电子的运动方向，并束缚和延长电子的运动轨迹，从而提高了电子对工作气体的电离几率，有效地利用了电子的能量。因此，使正离子对靶材轰击所引起的靶材溅射更加有效。同时，受到正交电磁场束缚的电子，又只能在其能量要耗尽时才淀积在衬底上。这就是磁控溅射具有“低温”、“高速”两大特点的道理。由于其装置性能稳定，便于操作，生产重复性好，适于大面积沉积薄膜，又便于连续和半连续生产，因此在科研、生产部门得到广泛的应用。

磁控溅射按溅射源的类型分为平面磁控溅射、圆柱面磁控溅射和S枪溅射。其中平面磁控溅射是以平板状靶为阴极，与支持基片的电极平行放置，由于它这种结构便于安放平面型基片，所以用得最多。在我们的设备中，磁控溅射系统选用的正是这种结构。

磁控溅射也有一些问题需要解决，比如靶面会发生凹状溅蚀环，所以对整个靶面来说可溅射区仅为20%~30%[3]。侵蚀环部位局部受热产生热变形，往往引起靶材开裂、变形等，对于容易发生上述情况的靶，运行功率不能太高，因此沉积速率受到限制。

3.3.4.3 反应溅射

在溅射镀膜时，有意识地把活性气体（反应气体）引入溅射气体并达到一定分压，就可控制生成薄膜的成分和特性，从而获得不同于靶材的新物质薄膜，这种方法称为“反应溅射”镀膜。在反应溅射中，由于可以方便地采用高纯的金属和高纯的气体，因此有可能制备高纯的薄膜，所以反应溅射近年来日益受到重视，并成为沉积各种功能化合物薄膜的一种主要方法，它可用来制造Ⅲ-Ⅴ族、Ⅱ-Ⅵ族和Ⅳ-Ⅳ族化合物、难熔半导体以及各种氧化物等。

目前对于反应溅射的成膜过程及成膜机理研究得还不十分深入，特别是由于研究者的实验条件不同，有时结果会有很大差异。通常反应溅射过程中有以下三种反应：

（1）靶面反应。靶面金属与反应气体之间的反应极大地影响淀积膜的质量和成分，关键是防止在靶面上建立起一层稳定的化合物层。以R_m表示靶的溅射速率，R_c表示靶面上化合物的生成速率，则只有$R_m>R_c$时，靶面才能始终处于金属状态下。对于普通的二级溅射，R_m很小，特别是由于靶面形成化合物后的溅射产额一般小于原来纯金属靶的溅射产额，难以保证$R_m>R_c$，用普通二级溅射装置进行反应溅射常常有较大困难。所以，我们采用射频磁控反应溅射以提高溅射速率。

（2）气相反应。在通常溅射所用的气压和靶与基片的距离的条件下，靶面逸出的原子在到达基片之前将与反应气体分子及由等离子体放电形成的活性基团发生多次碰撞，再加上溅射分子具有较高的能量，因而有可能与反应气体在空间就生成化合物。

（3）基片反应。保证在基片表面形成所需要的化合物的条件很复杂，首先到达基片时的金属原子和反应气体分子的比例应维持在某一合适值，以保证形成一定化学配比的化合物分子的需要；其次应保持适当的基片温度，因为金属分子或反应气体分子必须在基片上有足够大的黏着系数，而黏着系数受基片温度的强烈影响[13]。

3.4 多靶磁控溅射技术

目前，磁控溅射是应用最广泛的一种溅射沉积技术之一。为了制备成分、性能满足要求的合金膜、多层膜，一般采用多靶磁控溅射技术。传统的合金靶、复合靶，由于不同元素的选择溅射现象、膜层的反溅射率以及附着力的不同等因素，难以达到预期的目的。多靶磁控溅射由于各个靶之间相互独立，可单独控制，在制备多层膜、混合膜方面应用广泛。李戈扬等应用多靶磁控溅射技术制备了 TiN/AlN 纳米混合膜，测试结果表明，纳米 TiN/AlN 的晶粒大小为 10～20nm，最大硬度 HK32.25GPa[14]。在电子器件的制备方面也有广泛的应用，比如半导体/氧化物/铁电体多层膜，红外二极管和太阳能电池的吸收层（SS-AlN）的制备等[15,16]。另外，像 TiO_2、SiO_2、Si_3N_4、SnO_2 等优质的光学薄膜也可用中频多靶磁控溅射技术制备，且沉积速率也大大提高[17,18]。

3.5 实验设备

本实验所用的实验设备是沈阳天成真空技术有限责任公司生产的多靶磁控溅射仪和高真空烧结炉。其中多靶磁控溅射仪是用来镀膜的，高真空烧结炉是用来对样品进行高温退火处理的。

3.5.1 多靶磁控溅射仪

多靶磁控溅射仪的装置如图 3-6 所示。

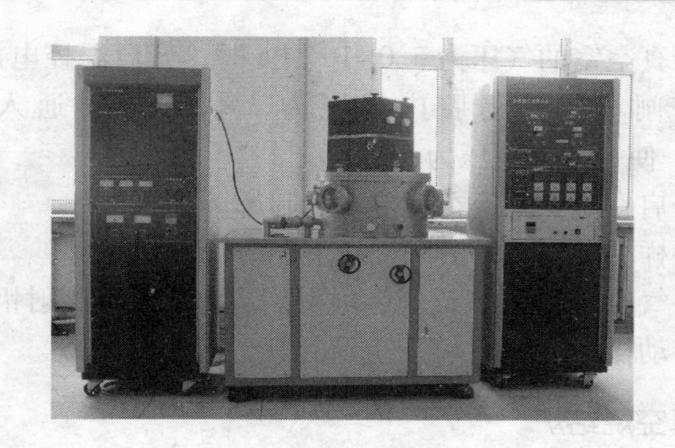

图 3-6 高真空多靶磁控溅射设备实物图

磁控溅射真空室系统图如图 3-7 所示。

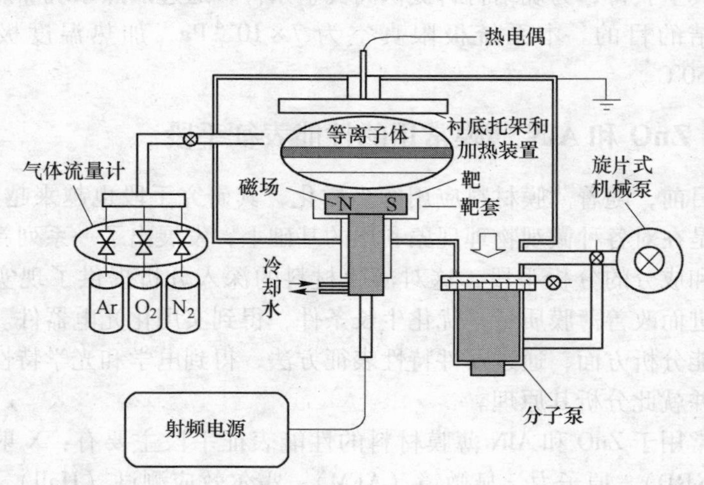

图 3-7 磁控溅射真空室系统图

镀膜具体操作方法如下：

(1) 将处理后的样品放入真空室中，关闭所有阀门。

(2) 启动机械泵 2，将 35 号角阀打开，对真空室进行粗抽真空。

(3) 待真空室内的气压为 20Pa 时，开启分子前级泵，当真空室内气压值与分子泵真空规管显示的气压值的差值小于 20Pa 时，通冷却水，关闭 35 号角阀，关闭机械泵 2。

(4) 开启分子泵电源，打开闸板阀，对真空室进行抽高真空。

（5）当真空室的气压为 5.0×10^{-4}Pa 时，开启温控电源，对基底加热。调节闸板阀使得腔内气压为 3×10^{-2} Pa，通入高纯氩气（99.999%）使得腔内气压为 5Pa。

（6）开启直流电源，在真空室内起辉。

（7）将样品转到 2 号清洗靶材下，清洗 10min。

（8）将气压调到 0.5Pa，转动样品，在 Al 靶下溅射铝薄膜。

（9）转动样品在 ZnO 靶下重新起辉，镀 ZnO 薄膜。

3.5.2 高真空烧结炉

高温真空烧结炉主要是通过真空获得系统，实现对真空室的预抽和高真空获得，为烧结材料提供高真空条件，通过加热系统加热，达到烧结的目的。本系统极限真空为 7×10^{-4} Pa，加热温度极限可达 1650℃。

3.6 ZnO 和 AlN 薄膜常用的性能表征手段

目前，随着薄膜材料应用的多样化，其研究手段也越来越广泛。特别是在对各种微观物理现象利用的基础上，发展出了一系列新薄膜结构和成分的分析手段，这对薄膜材料的深入分析提供了现实可能性，进而改善薄膜质量，优化生长条件，得到实用化光电器件。在器件性能分析方面，通过器件特性表征方法，得到电学和光学特性等信息，并就此分析其原理。

常用于 ZnO 和 AlN 薄膜材料的性能表征手段主要有：X 射线衍射（XRD）、原子力学显微镜（AFM）、霍尔效应测试（Hall）、扫描电子显微镜（SEM）、紫外分光光度计、荧光分光光度计（PL）、拉曼光谱仪以及电子探针显微分析（EPMA）等。下面对这些材料表征手段及其应用进行一一介绍。

3.6.1 X 射线衍射分析（XRD）

X 射线衍射方法利用的是电磁波（或物质波）和周期性结构的衍射效应。X 射线是由德国物理学家伦琴（Rontgen）于 1895 年在研究阴极射线时偶然发现的，它是指波长在 0.001~10nm 范围内的电磁波。X 射线的最大特点是能穿过不透明物质，而且在穿过物质时会被吸收。

X 射线衍射分析是根据 X 射线照射晶体后所产生的衍射线的方向与强度来确定晶体结构的。除了用它来研究晶体中原子的排列规则外，还可以进行物相分析、固溶体分析、晶体结构分析、晶粒大小测定、晶格参数测定、应力测定、晶体取向、晶格变形的测定以及晶体缺陷和织构分析等，其理论基础是晶体学。

X 射线衍射法中按分析样品的不同又分为劳埃法（适合单晶）、旋转晶体法（粉末材料和薄膜）及粉末法（粉体材料）。旋转晶体法适合于分析薄膜样品，其工作原理如图 3-8 所示。

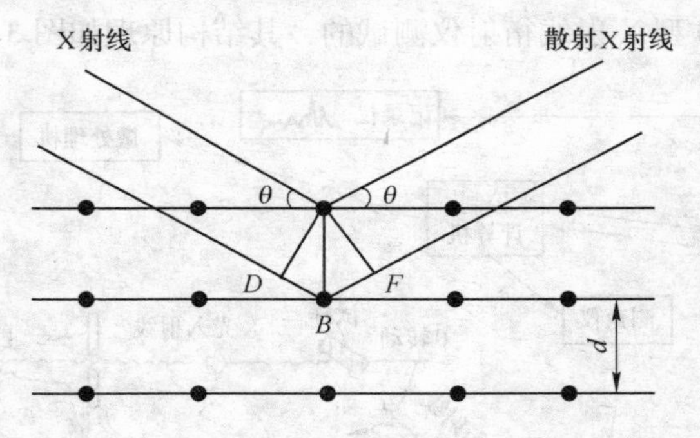

图 3-8 X 射线原理示意图

其中的 X 射线束是从专用的 X 射线管中发射的具有一定波长的特征 X 射线。常用的几种特征 X 射线是 Al 的 Kα 射线（0.834nm）、Cu 的 Kα 射线（0.1542nm）、Cr 的 Kα 射线（0.229nm）、Fe 的 Kα 射线（0.194nm）。X 射线束入射到分析样品表面后产生反射，检出器收集反射 X 射线信息。当入射 X 射线波长为 λ、样品与 X 射线束夹角 θ 及样品晶面间距 d 满足布拉格方程，见式（3-3）。

$$2d\sin\theta = n\lambda \tag{3-3}$$

检出器可检测到最强信息。因 λ 为已知值，θ 可以测量，利用式（3-3）求出晶面间距 d 值便可进行各种分析研究。

根据 Scherrer 公式，即式（3-4）。

$$D = K\lambda/\beta\cos\theta \tag{3-4}$$

计算晶粒尺寸，其中 D 为晶粒尺寸，λ 为入射线的波长，θ 为布拉格衍射角，β 为峰强的半高宽（弧度），K 为常数，其大小取决于晶块的形状和晶面指数。晶粒尺寸除了与晶粒大小有关，还与线宽的测量单位，晶粒的形状，晶面的取向及常数 K 有关，但是与反射级次数无关。

因为特征 X 射线不能用电磁透镜聚焦，它的束斑尺寸较大。另外，X 射线分析样品时它受原子外壳层电子的散射较弱，所以有很强的穿透能力。利用这种方法分析薄膜时适合分析晶粒尺寸较大和膜层厚度较厚的薄膜。

本书中所有 ZnO 和 AlN 薄膜样品的 X 射线衍射谱的测试均利用 D/MAX-2200 型 X 射线衍射仪测试的，其结构原理如图 3-9 所示。

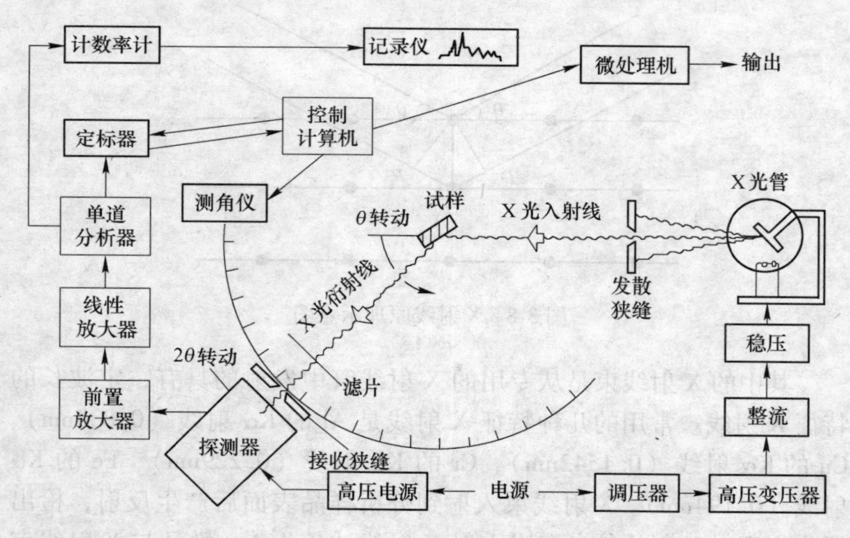

图 3-9 X 射线衍射仪的结构示意图

3.6.2 原子力显微镜（AFM）

世界第一台原子力显微镜（AFM）是 IBM 公司的 Binning 与斯坦福大学的 Quate 在 1985 年发明的，原子力显微镜主要由三个部分构成：由带针尖的微悬臂构成的力监测部分，激光构成的位置监测部分，以及压电陶瓷器件、监控反馈回路、计算机图像采集、显示及处理系统等组成的反馈系统。原子力显微镜的典型结构如图 3-10 所示。

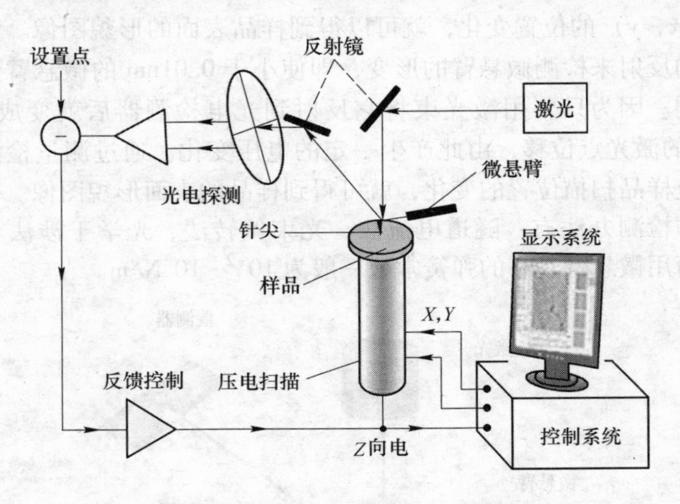

图 3-10 原子力显微镜结构原理图

原子力显微镜是在扫描隧道显微镜（STM）基础上研制出来的更加先进的扫描探针显微镜，不同于扫描电子显微镜，AFM 不要求样品具有导电性，可以研究绝缘体、半导体和导体表面原子尺寸的微观结构。它能够提供达到原子级的分辨率，横向分辨率可达 2nm，纵向分辨率为 0. 01nm。具有可在不同环境下工作、成像分辨率高、能在时空间直接给出表面的各种信息等优点。近 20 年获得迅速发展，已成为表征薄膜材料表面形貌的一个非常有力的工具。通过 AFM 可以了解薄膜表面起伏、颗粒分布等特性，对薄膜提供一个直观的判断标准。

原子力显微镜中微悬臂进行力检测的示意图如图 3-11 所示，它是使用一个一端固定，另一端装有针尖这样一个对微弱力敏感的弹性微悬臂来检测样品的表面形貌的。其主要原理就是利用固定在微悬臂上的探针来探测其与样品之间的作用力的大小。当针尖在样品上面扫描时，由于针尖和样品的相互作用力（可能是吸引力，也可能是排斥力）将会引起微悬臂的微小偏转（形变）。反馈系统则根据检测器检测的结果不断调整针尖 z 轴方向的位置，以保证在整个扫描过程中微悬臂的微小偏转值不变，即针尖与样品间的作用力恒定。测量高度 z 随（x，y）的位置变化，就可以得到样品表面的形貌图像。利用激光束的反射来检测微悬臂的形变，即使小于 0.01nm 的微悬臂形变也可检测。因为只要用激光束将它反射到光电检测器后就变成了 3~10nm 的激光点位移，由此产生一定的电压变化。通过测量检测器电压对应样品扫描位置的变化，就可得到样品的表面形貌图像。微悬臂变形的检测办法有：隧道电流法、光束偏转法、光学干涉法和电容法。商用微悬臂具有的弹簧常数一般为 10^{-2}~10^{2}N/m。

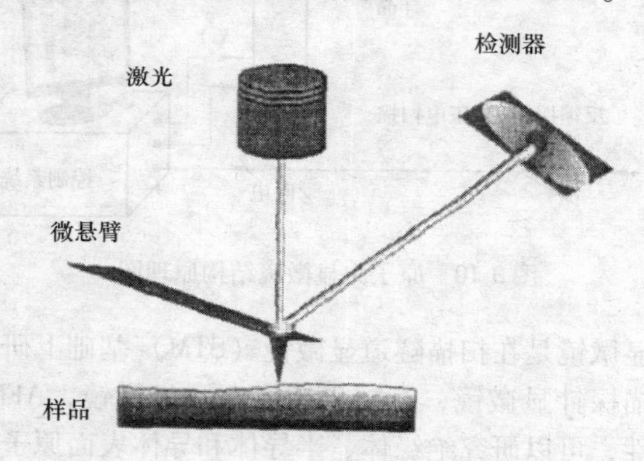

图 3-11 原子力显微镜中微悬臂进行力检测的示意图

在利用 AFM 研究样品表面形貌时，探针有三种扫描方式：接触式（contactmode）、轻敲式（tapping mode）和非接触式（noncontact mode）。在接触模式中，针尖始终同样品接触。样品扫描时，针尖在样品表面滑动。接触模式通常产生稳定、高分辨图像，但是对于弹性模量较低的样品，针尖与样品表面间产生的压缩力和剪切力容易使样品发生变形，影响图像质量。在轻敲模式中，微悬臂是振荡的并具有较大的振幅，针尖在振荡的底部间断地同样品接触。由于针尖同样品接触，分辨率几乎与接触模式一样好。因为作用力是垂直的，材料表面受横向摩擦力、压缩力、剪切力的影响较小，而且接触非常短暂，剪切力引起的破坏几乎完全消失，可应用于柔软、易碎和黏附性样品。在非接触模式中，针尖在样品表面的上方振动，始终不与样品表面接触。针尖探测器检测的是范德瓦耳斯吸引力和静电力等对成像，样品没有破坏的长程作用力。这种模式虽然增加了显微镜的灵敏度，避免了接触模式中遇到的一些问题，但由于范德瓦耳斯力较小，使得分辨率要比接触模式的低。但相对较长的针尖，实际上由于针尖很容易被表面的黏附力所捕获，非接触式的操作是很难的[10]。

同扫描电子显微镜相比，AFM在样品形貌表征方面有如下优势：(1) AFM能提供样品真正的三维表面形貌，其分辨率通常都在纳米量级；(2) AFM对样品的导电性没有特殊要求，既可以对导体表面进行测量，也可以对半导体或绝缘体表面进行测量；(3) 扫描电子显微镜必须工作在真空中，而AFM可以工作在常压下，甚至液体环境中。因此，AFM不仅可以用来研究固体表面，而且可以用来研究宏观分子，甚至活的生物组织等[19]。

本书中所有样品我们采用CSPM4000型原子力显微镜观察薄膜表面的微观形貌以及表面粗糙度，探针采用接触模式。

3.6.3 霍尔效应测试（Hall）

霍尔效应是Hall于1879年，在美国霍普金斯大学研究载流导体在磁场中受力情况时发现的一种磁电现象。具体讲就是当电流垂直于外加磁场流通导体内部时，在平行于电流与磁场组成的平面上下部，存在电势不同的两个面，这两个面的电势的差值成为Hall电势差。随着半导体技术的发展，Hall系数和电导率成为研究半导体材料的重要参数。利用Hall测试仪，测量薄膜的Hall系数和电导率可以得到导电类型、载流子浓度和迁移率等参数。通过研究温度对Hall系数和电导率的影响还可以算出杂质离化能和禁带宽度。以Hall效应为基础，研发的霍尔器件以其结构简单、频率响应快、性能稳定等特点在工业生产和生活中得到了广泛的应用。Hall器件作为敏感器件，在器件检测方面将会有更为广阔的应用前景[7]。

霍尔效应测试是半导体物理性能的一种重要测试方法。将导体(d)置于磁场(B)中，同时施加一个与磁场方向垂直的电压(U)，那么将在同时垂直于磁场和电场的方向上产生一个电压(U_H)，这种现象就是霍尔效应，所产生的电压为霍尔电压。霍尔效应实际上是运动的带电粒子在磁场中由于受到洛伦兹力的作用而发生的偏转的现象。当有电子或空穴是被约束在固体材料中时，这种偏转效应就会导致正负电荷在垂直于电场和磁场的方向上的聚积，从而产生一个附加的横向电场，也就是霍尔电场 E_H。

将宽为 L，厚度为 d 的半导体试样置于如图3-12所示的沿 x 方向电场和 z 方向的磁场中，那么将会在 y 方向的正负两侧开始聚集相反的电荷而产生附加电场。电场的方向取决于样品的导电类型。如果是n型样品，那么霍尔电场沿 y 的负方向，p型样品则沿着 y 的正方向，即有式（3-5）成立。

$$\begin{aligned} E_H(y) < 0 \Rightarrow (\text{n 型}) \\ E_H(y) > 0 \Rightarrow (\text{p 型}) \end{aligned} \tag{3-5}$$

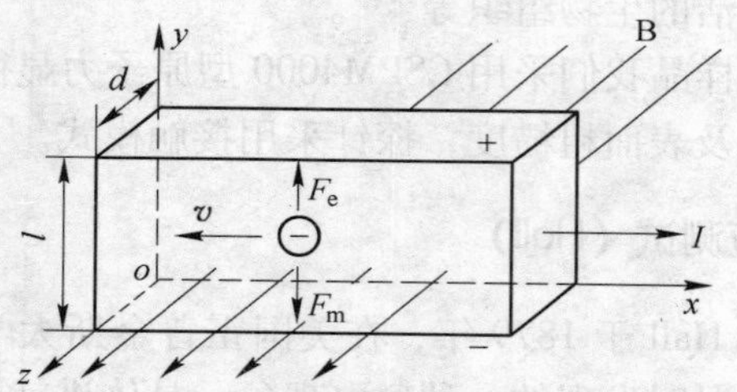

图3-12 霍尔效应原理图

霍耳电场 E_H 将阻止载流子继续向样品两侧移动，当载流子所受的横向电场力 eE_H 和洛伦兹力 $e\bar{v}B$ 相等时，积累到样品两侧的电荷将达到一个动态的平衡。定义比例系数 $R_H = \frac{1}{ne}$ 为霍尔系数，它能够反映出样品霍尔效应的强弱程度。霍尔系数的正负与霍尔电场方向一致，则通过霍尔系数的正负判断样品的导电类型。如果 R_H 为负，样品为n型；反之，则为p型。已知电导率 σ 与载流子浓度 n 以及迁移率 μ 之间的关系如式（3-6）所示：

$$\sigma = ne\mu \tag{3-6}$$

则可由霍尔系数求出迁移率 $\mu = |R_H|\sigma$，测出 σ 值即可求 μ。但 μ 并不是真正的迁移率，而是霍尔迁移率 μ_H，考虑载流子速度分布，修正为 $\mu = \mu_H / g_H$，g_H 为霍尔因子，与半导体载流子散射机制有关[20]。

本书中所有样品的霍尔测试均采用范德堡方法，在 HL5550 霍尔测试仪上完成。

用范德堡方法测试霍尔效应时，必须在厚度均匀的薄膜样品边缘上制备比被测样品面积小得多的点状欧姆接触电极作触点。为了测试准确，衬底必须有良好的绝缘性，且将四点做到方形样品的四角处。如果样品的形状不规则，可采取相邻两电极隔离方法，即采用光刻掩膜化学腐蚀掉两点之间的 ZnO，露出绝缘衬底，确保测试电流沿绝缘沟道的边缘流过，减少由样品的不规则形状引起的误差。为了得到欧姆接触电极与样品的良好欧姆接触，可在适当的温度下进行合金处理。通过测试各相邻接触点之间的接触电阻和 *I-V* 曲线，判断电极与样品之间的接触特性，如果 *I-V* 曲线非常接近线性，并且各接触点对的接触电阻之间的偏差在 10%之内，认为接触为欧姆接触，继续进行电阻率的测定、霍尔系数测定，系统进行载流子浓度和霍尔迁移率计算，得出样品的电学特性信息。

3.6.4 扫描电子显微镜（SEM）

由于扫描电子显微镜在表面形貌分析、表面成分分析以及晶体学位向分析中所取得的巨大成就，自 1965 年世界第一台商业扫描电子显微镜问世以来，便得到迅速发展。扫描电子显微镜主要由电子光学系统、信号检测放大系统、显示系统、真空系统、电源系统组成，其工作原理如图 3-13 所示。

由三级电子枪发射出的电子束，在加速电压的作用下，经过 2~3 个电子透镜聚焦后入射到样品上，并在样品表面按顺序逐行扫描，激发样品产生二次电子、X 射线、俄歇电子等各种物理信号。这些物理信号将被相应的探测器接受，然后再经过信号放大器按顺序逐级放大，输入到显示器上。由于控制电子束扫描的信号和控制显示器成像的信号是来自同一个信号源，因此在显示器上就形成了一幅与样品表面特征相对应的图像。图像会根据样品微区形貌、化学成分、晶体结构、原子序数等的不同，在显示器上呈现不同的亮度，进而获得具有一定衬度的图像[21,22]。扫描电子显微镜主要是依靠样品发射的二次电子来成像，一般观察到的是样品二维形貌图，而其自带的能量散射

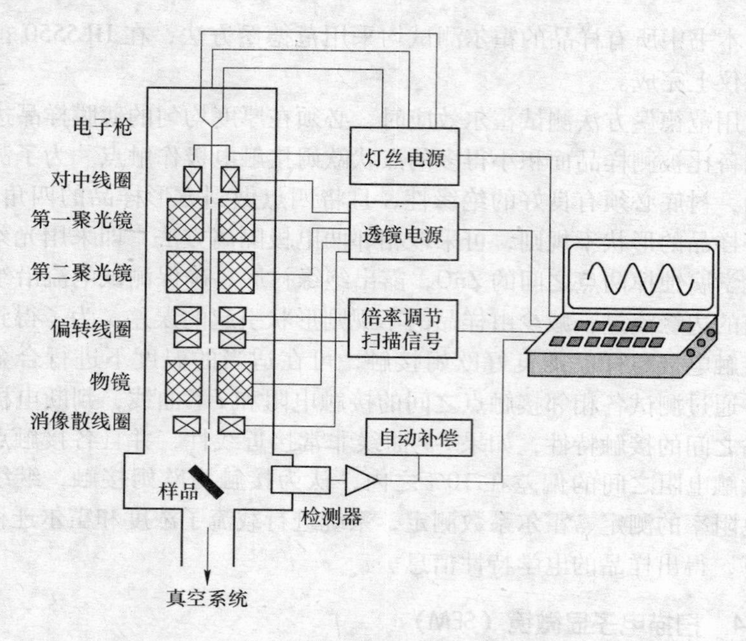

图 3-13 扫描电子显微镜工作原理及结构示意图

谱（EDS）配件则主要依靠样品发射的 X 射线以及俄歇电子来测定样品中的元素种类以及分布。由于扫描电子显微镜不可以直接观察大块样品，而且景深大、放大倍数连续可调、分辨率高、放大倍数调节范围大。所以，它成为固体材料表面分析的有效工具，尤其适合观察大面积且粗糙的表面。

由于目前 SEM 所发射的高能电子束只能穿透物质表面很浅的一薄层，因此，只能做表面特性分析，对于物质内部结晶等性质还需通过其他方法进行表征。

本书中所有样品的 SEM 测试都是用型号 S-4800 测得的。

3.6.5 紫外分光光度计

半导体的能带结构与其发光机理密切相关，而研究能带结构最直接、最简单的办法就是测定它的吸收光谱和透射光谱[23]。因为通过测量作为光子能量函数的吸收系数就可确定半导体的禁带宽度。一个已知能量的光子将电子由较低能态激发到与之能量相对应的较高能态，原则上由此可以揭示电子在能带内不同的跃迁机制与能态分布，因而始终是经典的半导体物理研究的基本实验手段之一。此外，通过测试设备给出的固态薄膜光反射-光透射信息，可了解被测薄膜样品的反射系数和透射系数的关系。

当光波在媒质中传播时，光的衰减满足式（3-7）所示关系式。

$$\frac{\mathrm{d}I}{\mathrm{d}x}=-\alpha I \tag{3-7}$$

式中，α 为媒质的吸收系数，是和光强 I 无关的比例系数。积分可得如式（3-8）所示关系式。

$$I=I_0\mathrm{e}^{-\alpha x} \tag{3-8}$$

当光波照射到媒质界面时，一部分光从界面反射，另一部分通过透射进入媒质。将截面反射能流密度（透射能流密度）与入射能流密度的比值规定为反射系数 R（透射系数 T），则可分析得出这两种系数之间的关系。设用强度为 I_0 的光垂直透过厚度为 d 的媒质，在媒质的两个界面均发生反射和折射。再设媒质的吸收系数为 α，界面上反射系数为 R，不难得出第一个界面上的反射光强度为 RI_0，透射进入媒质中的光强度为（$l-R$）I_0；到达第二个界面的光强度是（$l-R$）$I_0\mathrm{e}^{-\alpha x}$，最后透过第二个界面的光强度等于（$l-R$）$^2I_0\mathrm{e}^{-\alpha x}$。根据式（3-9）所示定义：

$$T=(l-R)^2\mathrm{e}^{-\alpha x} \tag{3-9}$$

此式即为光波透过厚度为 d 的样品时，透射系数、反射系数和吸收系数的关系。

紫外-可见分光光度计由五大部分组成，即光源、单色器、吸收池、检测器和信号显示系统。紫外-可见分光光度计可分为单光束分光光度计和双光束分光光度计两类，其中单光束分光光度计结构示意图如图 3-14 所示。

光源发出的光通过光孔调制成光束，然后进入单色器，单色器由色散棱镜或衍射光栅组成，光束从单色器的色散元件发出后成为多组不同波长的单色光，通过光栅的转动分别将不同的单色光经狭缝送入

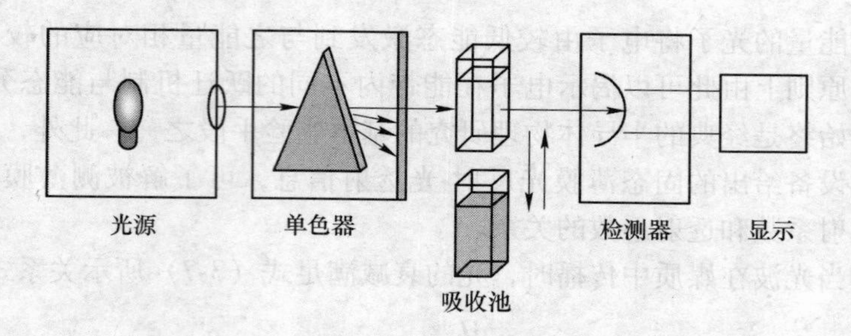

图 3-14　单光束分光光度计结构示意图

样品池，然后进入检测器，最后由电子放大电路放大，从微安表或数字电压表读取吸光度，或驱动记录设备，得到光谱图。

3.6.6　荧光分光光度计（PL）

该系统由激光器、单色仪、光电倍增管、锁相放大器、斩波器等组成，系统的示意图如图 3-15 所示。利用光致发光来研究样品特性具有较高的灵敏度，并且实验数据采集和样品制备简单，不会对样品造成破坏，所以利用光致发光研究样品的光学特性有着广泛的应用。

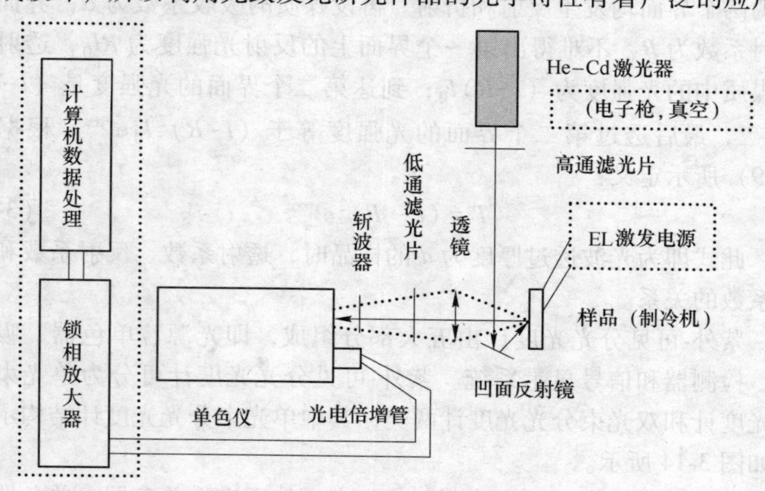

图 3-15　光致发光谱测量装置示意图

ZnO 薄膜光学特性通常通过 PL 谱来表征。用一束激光（其光子能量大于ZnO的禁带宽度）照射到薄膜表面时，材料出现本征吸收，且产生大量的电子空穴对。处于价带中的电子吸收光子后，将被激发到导带或缺陷能级等激发态，其中的非平衡电子以自发或受激形式跃迁到基态，同时能量可能以光的形式辐射出来，称为光致发光。若能量以无辐射的形式（如发热）散发出来，将此过程称为非辐射复合。用一套光谱探测系统将薄膜的发光记录下来就得到它的PL谱。通常，PL谱中的横坐标采用能量单位。发光波长 λ（nm）转换为对应的光子能量 E（eV）的换算关系如式（3-10）所示。

$$E = h\nu = hc/\lambda = 1239.8/\lambda \tag{3-10}$$

式中，ν 为光子频率；h 为普朗克常数；c 为真空中光速。

半导体光致发光光谱的研究通常还可以分为激发光谱和发射光谱两类。激发光谱是指发射光谱某一谱线或谱带强度随激发光频率的改变，它表示对某一频率（或频域）发光起作用的激发光的频率特征，对分析发光的激发过程、激发机制和提高发光效率有重要意义。发射光谱是一固定频率（或频域）光激发下半导体发光能量（或强度）按频率的分布，它显示一定频率（或频域）光激发下半导体发光的光谱特征，研究与辐射复合及激发过程有关的半导体电子态，可揭示辐射复合发光的物理过程。若是由半导体中的杂质引起的发光中心，由此可能确定该发光中心在晶格中的位置和状态，通过分析发光光谱的强度可确定缺陷态的密度等[24]。

3.6.7 拉曼光谱仪

拉曼光谱是由于分子极化率的改变而产生的，拉曼位移取决于分子振动能级的变化，不同的化学键或基团有特征的分子振动，ΔE 反映了振动能级的变化。因此，与之对应的拉曼位移也是特定的，这是拉曼光谱可以作为分子结构定性分析的依据。拉曼光谱的选择定律是分子具有的各向异性极化率。拉曼位移的大小、强度以及拉曼峰形状是鉴定化学键、官能团的重要依据。利用偏振性，拉曼光谱还可以作为分子异构体判断的依据。拉曼光谱与红外光谱可以起到相互补充的作用，可以鉴别特殊的结构特征或特征基团。采用拉曼光谱技术（RS）可了解晶体内部有关化学键、晶化程度、晶格畸变等信息，还可以用于晶体的声子谱以及引起声子谱变化的结构相变。通过观察六角相ZnO中对体积较为敏感的E_2声子模的频移情况，可以得到ZnO中六角相含量，还可以根据氮掺杂引起的振动峰判断薄膜中的掺氮量情况。拉曼光谱仪光路图如图3-16所示。

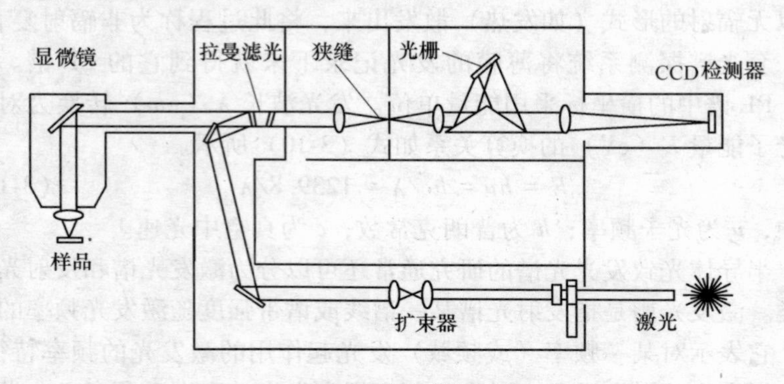

图3-16 拉曼光谱仪光路图

3.6.8 电子探针显微分析（EPMA）

电子探针X射线显微分析方法是一种显微分析和成分分析相结合的分析方法，它非常适用分析样品中某一微小区域的化学成分，因而它被认为是研究样品内部结构和元素成分的最为有效的方法。

在筒部分的结构上，电子探针和扫描电子显微镜大体上相同，有所不同的部分在检测器部分，电子探针使用的是X射线谱仪。试验中，有两种常用的X射线谱仪：一种是波长色散谱仪，简称波谱仪（Wavelength Dispersive Spectrometer，简称WDS）；另一种是能量色散谱仪，简称能谱仪（Energy Dispersive Spectrometer，简称EDS）。其原理图如图3-17所示。

波谱仪具有分析元素范围广、探测极限小、分辨率高等优点，适用于精确的定量分析。它的缺点是对试样表面要求高，分析慢，需要大束流，容易污染样品和镜筒。

能谱仪具有分析速度快，对试样表面要求低，束流要求小等优点，但它在探测极限、分辨率、分析元素范围等方面不如波谱仪。实

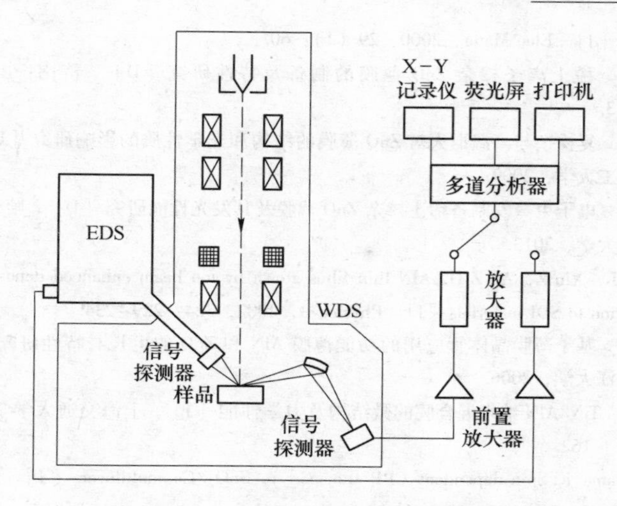

图 3-17 电子探针显微分析镜原理图

验中，能谱仪一般配合扫描电子显微镜使用。

目前，电子探针和扫描电子显微镜可以同时配有波谱仪和能谱仪，利用两种谱仪优势互补，可以满足更高的分析需求[25]。

参考文献

[1] 马勇 . ZnO 薄膜制备及性质研究［D］. 重庆：重庆大学，2004.

[2] Jae-Min Myoung，Wook-Hi Yoon，Dong-Hi Lee，et al. Effects of thinkness variation on properties of ZnO thin films grown by pulsed laser deposition［J］. The Japan Society of Applied Physics，2002，41：28~31.

[3] Keiichiro Sakurai，Masahiko Kanehiro，Ken Nakahara，et al. Effects of oxygen plasma condition on MBE growth of ZnO［J］. Journal of Crystal Growth，2000，209：522~525.

[4] Emanetoglu N W，Gorla C，Liu Y，et al. Epitaxial ZnO piezoelectric thin films for saw filters［J］. Materials Science in Semiconductor Processing，1999，2：247~252.

[5] Kwang Sik Kim，Hyoun Woo Kim，Nam Ho Kim. Struetural characterization of ZnO films grown on SiO_2 by the RF magnetron sputtering［J］. Physica B，2003，334：343~346.

[6] 祁俊路 . 射频反应磁控溅射法制备 Al_2O_3 薄膜结构与性能的研究［D］. 合肥：合肥工业大学，2006.

[7] 杨建增 . 缓冲层结晶性对 ZnO 薄膜性质的作用机制研究［D］. 大连：大连理工大学，2013.

[8] Liu Y，Gorla C R，Liang S，et al. Ultraviolet detectors based on epitaxial ZnO films grown by

MOCVD [J]. Elec Mater, 2000, 29 (1): 60.

[9] 宋红莲. 稀土离子掺杂ZnO薄膜的制备及特性研究 [D]. 济南: 山东建筑大学, 2013.

[10] 周玉玲. 复掺杂与高温退火对ZnO薄膜的结构和光学性质的影响研究 [D]. 南京: 南京理工大学, 2009.

[11] 孙大为. 电子束蒸发制备稀土掺杂ZnO薄膜及其发光性能研究 [D]. 哈尔滨: 哈尔滨师范大学, 2013.

[12] Men C L, Xin Z, An Z H. AlN thin films grown by ion beam enhanced deposition and its application to SOI materials [J]. Physica B, 2002, 324: 229~234.

[13] 梁俊华. 基于薄膜晶体管应用的功能薄膜AlN和ZnO的生长与特性研究 [D]. 杭州: 浙江大学, 2006.

[14] 李戈杨. TiN/AlN纳米混合膜的微结构及力学性能 [J]. 上海交通大学学报, 1999, 33 (2): 162.

[15] Matsuyama K. Spin-dependent CPP transport in SnO_x/Co multilayers [J]. J Magnetism Magnetic Mater, 1999, 198: 61.

[16] Zhang Q C. New cermet solar coatings for solar thermal electricity applications [J]. Solar Energy, 1998, 64 (1~3): 109.

[17] Kubo Ryuichi. Adjustment of membrane stress using aluminum oxide and silicon dioxide multilayer structure [J]. Mater Res Soc Symposium-Processd-Dings, 2001, 657: 531.

[18] Yang T S. Deposition of carbon-containing cubic boron nitride films by pulsed-DC magnetron sputtering [J]. Thin Solid Films, 2001, 398~399: 285.

[19] 王新建. AlN薄膜生长与X射线探测研究 [D]. 北京: 中国科学院大学, 2012.

[20] 赵鹏程. 氮掺杂p型ZnO薄膜制备及相关问题研究 [D]. 北京: 中国科学院大学, 2013.

[21] 施敏, 梅凯瑞. 半导体制造工艺基础 [M]. 陈军宁, 柯导明, 孟坚, 译. 合肥: 安徽大学出版社, 2007.

[22] 王培铭, 许乾慰. 材料研究方法 [M]. 北京: 科学出版社, 2005.

[23] 沈学础. 半导体光谱和光学性质 [M]. 北京: 科学出版社, 2002.

[24] 赵强. 退火条件及同质缓冲层对生长ZnO薄膜特性的研究 [D]. 兰州: 西北师范大学, 2013.

[25] 董武军. ZnO薄膜和P掺杂ZnO薄膜的制备与表征 [D]. 大连: 大连理工大学, 2011.

4 AlN 薄膜的制备与性能表征

4.1 引言

作为重要的宽禁带半导体材料，ZnO、GaN 与 SiC 都是目前国际上的研究热点。由于和蓝宝石、硅晶格失配度过大，直接在这两种衬底上生长的 ZnO、GaN 和 SiC 薄膜质量较差，很难达到器件工艺要求。AlN 和 ZnO 晶格结构相同，失配度小，线膨胀系数相差不大，因此，AlN 薄膜是制备 ZnO 薄膜比较合适的缓冲层。由于我们期望在 AlN 缓冲层上外延生长 c 轴择优取向的 ZnO 薄膜，而不同晶面择优取向的 AlN 薄膜具有相应的实际应用[1,2]，因此本章试图通过对工艺的摸索，制备出 c 轴择优取向的 AlN 薄膜。

为了让大家对缓冲层的概念有一个大概的了解，接下来首先对缓冲层进行一个简单的介绍。

4.2 过渡层概述

过渡层（缓冲层）有同质和异质两大类，对于异质外延生长，由于外延层和衬底层是不同的材料，如果两层物质的晶格结构和线膨胀系数不相同，那么在外延层中可能会产生一定的应力，应力对半导体材料的光学和电学性质也会产生一定的影响。因此，在外延生长时，需要考虑两层物质的晶格匹配和线膨胀匹配。

为了解决失配问题，最常见也是最有效的手段之一是过渡层技术。合适的过渡层材料可以缓解外延膜与衬底之间由于晶格失配和线膨胀系数失配所造成的应力，从而减少界面缺陷，提高外延薄膜的质量。

作为重要的宽禁带半导体材料，GaN、SiC 和 ZnO 都是目前国际上的研究热点。由于和蓝宝石、硅晶格失配度过大，直接在这两种衬底上生长的 ZnO、GaN 和 SiC 薄膜质量较差，很难达到器件工艺要求。AlN 与 ZnO、GaN 和 SiC 晶格结构相似，晶格失配度小，线膨胀系数相差不大，因此，AlN 薄膜是制备 ZnO、GaN 和 SiC 薄膜合适的缓冲层。

目前，关于 ZnO 的研究工作已由探索各种薄膜制备工艺和研究掺杂，转向制备实用化器件。在制备 ZnO 的过程中，采用异质材料（Si，Al_2O_3，SiC 等）作衬底容易产生晶格失配，导致晶体质量下降，如果采用 AlN 作过渡层，可以消除薄膜沉积过程中的晶格失配现象。因此，合成高质量、缺陷少、纯度高的 ZnO 单晶体，并应用到实用化器件上成为当前研究工作的重点内容之一。但是，关于以 AlN 为过渡层制备 ZnO 的报道还比较少。最近有报道在 Si（111）上以 AlN 和 GaN 作过渡层外延生长 ZnO 薄膜，但是其生长温度很高，不利于器件的制备。Jin 等人报道用 PLD 方法以 AlN 为缓冲层生长出择优取向的 ZnO 薄膜，但没有薄膜结晶性能的具体报道。

ZnO、AlN 和 GaN 材料性能参数比较见表 4-1。

表 4-1　ZnO、AlN 和 GaN 材料性能参数比较

材　料	ZnO	AlN	GaN
晶格常数 a/nm	0.3249	0.3110	0.3190
晶格常数 c/nm	0.5206	0.4982	0.5189
禁带宽度/eV	3.3	6.2	3.4
热导率/W·(cm·℃)$^{-1}$	0.006	3.0	1.3
线膨胀系数/K^{-1}	4.75×10^{-6}	4.5×10^{-6}	5.6×10^{-6}
密度/g·cm^{-3}	5.68	3.26	6.09
电阻率/Ω·cm	$10^{-4}\sim10^{22}$	$>10^{13}$	$>10^{10}$
介电常数	7.9	8.5	11.1
击穿场强/V·cm^{-1}	$>10\times10^{6}$	14×10^{6}	0.4×10^{6}
折射率	2.2	2.15	2.33

4.3　AlN 薄膜的制备

在直流反应溅射时，在高的 N_2 浓度下，当 Al 靶表面生成的 AlN

层的生长速度大于溅射过程中被溅射速度时，会出现靶中毒现象。靶中毒后，溅射模式转为化合物模式，溅射能量大量消耗于二次电子的产生和发射，从而使真正用于溅射的能量大幅减少，导致薄膜生长速率显著下降[3]。为了避免直流反应溅射所带来的靶中毒现象，本章采用射频磁控溅射法制备 AlN 薄膜，并对薄膜结构、微观形貌进行了表征分析，研究了溅射工艺对 AlN 薄膜缓冲层的影响。

4.3.1 实验装置

本实验所用的制膜设备是沈阳天成真空技术有限责任公司生产的多靶磁控溅射仪，实验装置如图 4-1 所示。

图 4-1 多靶磁控溅射仪器

4.3.2 衬底的预处理

由于薄膜样品的厚度都很薄，所以衬底表面的平整度、清洁度都会对所生长的薄膜造成影响。衬底表面的任何一点污物都会影响薄膜材料的生长情况及其性能。由此可见，衬底的清洗是十分重要的。本实验所采用的衬底为 Si(100)，清洗衬底的过程如下：

(1) 丙酮超声清洗 10min；

(2) 乙醇超声清洗 20min 后，去离子水反复冲洗，用干燥 N_2 吹干；

(3) 在 H_2SO_4 : H_3PO_4 = 3 : 1 的混合液中 160℃ 条件下腐

蚀 15min；

（4）最后用去离子水冲洗，并用干燥的 N_2 吹干；

（5）将吹干后的样品放入真空室，当真空室本底真空达到 5×10^{-4}Pa 后，通入氩气（99.999%）作为溅射气体。

4.3.3　样品制备工艺参数

实验所用直径为 60mm，厚度为 5mm 的 AlN（99.99%）靶材。考虑到主要工艺参数对实验的影响，根据实验的具体情况，确定的工艺参数见表 4-2。

表 4-2　制备 AlN 薄膜的工艺参数

编　号	（A）组	（B）组	（C）组
靶材	纯 AlN(99.99%)靶	纯 AlN(99.99%)靶	纯 AlN(99.99%)靶
溅射气体(Ar_2)	40sccm	40sccm	40sccm
射频功率	300W	300W	100~400W
工作气压	0.3Pa	0.2~0.5Pa	0.3Pa
衬底	Si(100)	Si(100)	Si(100)
衬底温度	RT(室温)~300℃	300℃	300℃
靶基距	5cm	5cm	5cm
溅射时间	60min	60min	60min

4.3.4　制备 AlN 薄膜的实验步骤

制备 AlN 薄膜的实验步骤如下：

（1）将处理后的衬底放入真空室中的样品托上，关闭所有阀门；

（2）启动机械泵 2，将 35 号角阀打开，对真空室进行粗抽真空；

（3）待真空室内的气压为 20Pa 时，开启分子前级泵，当真空室内气压值与分子泵真空计显示的气压值之差小于 20Pa 时，通冷却水，关闭 35 号角阀，关闭机械泵 2；

（4）开启分子泵电源，打开闸板阀，对真空室进行抽高真空；

（5）通入适量高纯度工作气体，根据实验设计，用质量流量计调节所需气体比例；

（6）调节闸板阀，将气压调整到所需的工作气压，开控温仪，加热衬底到设定温度；

（7）开启射频电源，在真空室内起辉，以较低功率对靶材预溅射 10min；

（8）升高射频功率到实验设计值，开始沉积薄膜；

（9）维持溅射条件至下一个溅射条件；

（10）待所有样品都溅射完后关射频源，停止起辉；

（11）镀膜结束前 5min，先将气瓶大阀关闭，到时间后，调节氩气输出阀，清洗管道残余气体，关闭扩散泵，5min 后关机械泵；

（12）关冷却水，关闭电源；

（13）自然冷却至室温，取出样品。

4.4 工艺参数对 AlN 薄膜性能的影响

在 Si(100) 衬底上制备 c 轴（002）择优取向的 AlN 薄膜国内外均有报道[4,5]，沉积参数的变化对薄膜的质量及取向的影响已有讨论。本章以抛光 Si(100) 片作为基片，采用磁控溅射方法进行 AlN 薄膜制备技术的研究。通过优化工艺参数，成功地在 Si 衬底上制备出 c 轴择优取向的 AlN 薄膜，并利用 X 射线衍射仪和扫描电子显微镜等分析手段对所制备的 AlN 薄膜进行了表征，研究了衬底温度、溅射气压和溅射功率对 AlN 薄膜性能的影响。本章所有 AlN 薄膜样品的 X 射线衍射（XRD）测试均是利用 D/MAX-2200 型 X 射线衍射仪测试的，采用 Cu 为放射源，扫描衍射角 $2\theta = 30° \sim 50°$，单色光电压为 40kV，电流为 20mA。本章所有 AlN 薄膜样品的 SEM 测试都是用型号 S-4800 测得的。

4.4.1 衬底温度对 AlN 薄膜性能的影响

对于膜的生长而言，衬底温度是非常重要的。较高的衬底温度有助于附着于衬底表面的分子的迁徙成核，有利于高取向或外延膜的形成。因此，合适的衬底温度对改善 AlN 薄膜的质量具有重要的应用价值[6]。为了得到高质量、高取向性的 AlN 薄膜，对在不同衬底温度条件下的样品进行了研究。样品的具体参数见表 4-2（A）组。

图 4-2 是在不同衬底温度下 Si 衬底上沉积 AlN 薄膜的 X 射线衍射图，衬底温度的范围是从室温（RT）至 300℃，其他实验条件为溅射气压 0.3Pa，溅射功率 300W，靶基距 5cm，氩气流量 40sccm，溅射时间 60min。

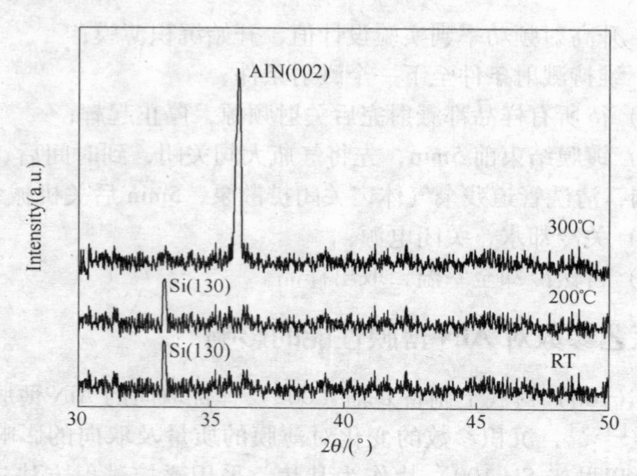

图 4-2 不同衬底温度下 Si 衬底上沉积 AlN 薄膜的 X 射线衍射图

衬底温度对 AlN 薄膜结构的影响很大，衬底温度高，则会增加扩散速度，从而影响 AlN 薄膜的结晶取向。

从图 4-2 中可以看出，当对衬底不加热时，在很宽的一个扫描范围内，除了出现 Si(130)面的衍射峰外，没有出现任何 AlN 的特征峰，薄膜表现为非晶结构。当温度升高至 200℃时，情况与衬底未加热时相同。当温度继续升高到 300℃时，Si(130)面的衍射峰消失，只出现了 AlN(002)面的衍射峰，此时制得的是 c 轴择优取向 AlN 薄膜。

从以上 XRD 测试结果可见，衬底温度的提高有利于薄膜结晶性能的改善。衬底温度是制备结晶薄膜的重要参数，提高基片温度可以促使薄膜的晶化。一般来说，衬底不被加热时，只依靠溅射分子对衬底表面的轰击，衬底温度比较低，到达衬底的吸附分子在衬底表面的迁移率比较小，只能凝结在入射点或附近，成核密度小，薄膜呈非晶态。当衬底温度增加到一定的值后，吸附分子的动能随之增大，跨越表面势垒的几率增加，分子可以得到足够的能量以克服表面势垒并重排，而 AlN 晶粒的（002）面是密排面，具有较低的表面能，因而沿 c 轴的生长速度远远大于其他生长方向，最终使（002）面完全占有与衬底平行的平面，形成结晶态薄膜，即 AlN 薄膜呈现完全的 c 轴取向。

4.4.2 工作气压对 AlN 薄膜性能的影响

采用磁控溅射制备 AlN 薄膜时，工作气压也是影响 AlN 薄膜取向生长的一个重要因素。工作气压过低，气体分子数密度过小会影响辉光放电，导致灭辉。工作气压过高，气体分子平均碰撞几率增大，溅射分子的动能降低，靶材的散射损失也增大[7]。为了得到高取向性的 AlN 薄膜，对在不同工作气压条件下的样品进行了研究。样品的具体参数见表 4-2（B）组。

图 4-3 是在不同工作气压下 Si 衬底上沉积 AlN 薄膜的 SEM 图像，工作气压为 0.2~0.5Pa，其他实验条件为衬底温度 300℃，溅射功率 300W，靶基距 5cm，氩气流量 40sccm，溅射时间 60min。

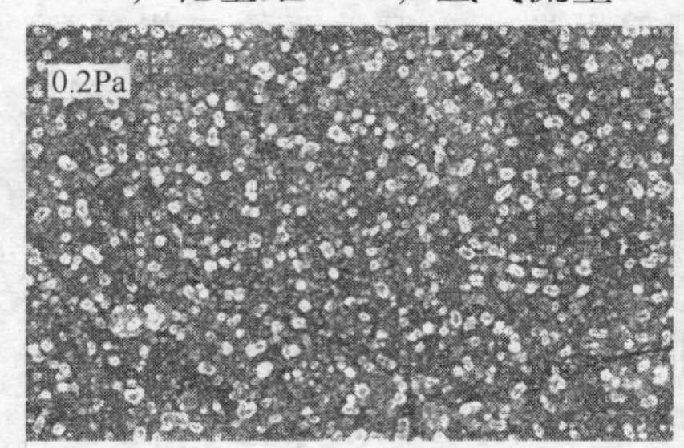

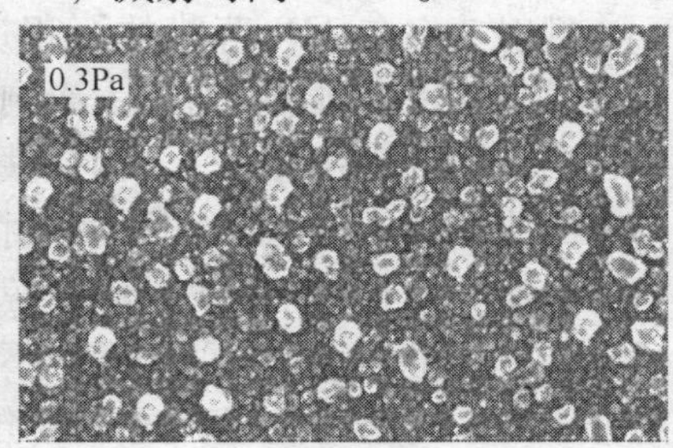

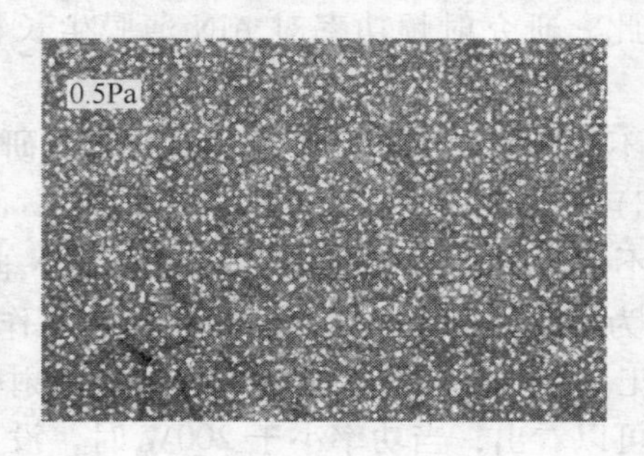

图 4-3 不同工作气压下 Si 衬底上沉积 AlN 薄膜的扫描电镜图

由图4-3可以看出，随着工作气压的增大，在SEM以同样放大倍数下测得的AlN薄膜的颗粒尺寸呈现先增大后减小的趋势。这是由于当工作压强为0.2Pa时，其原因可能是当溅射压强较小时没有足够的氩离子撞击靶，同时溅射出的AlN也减少，溅射速率变小，成膜速度较小，然而此时形成的AlN颗粒有足够的能量在基片上迁移，到达晶格平衡位置，因此AlN薄膜晶粒较小，表面形貌较平整。在工作气压较高时，沉积粒子与气体的碰撞几率较大，粒子到达衬底时的动能较小，溅射粒子的扩散动力较小，因此有颗粒团聚的现象[8]，但生长表面较小的原子密度也不足以使它们之间的晶界消失。所以，当溅射压强为0.3 Pa时，晶粒尺寸最大，同时晶粒间的间隙也比较大。但是当工作压强升高到0.5Pa时，薄膜表面的原子密度趋于饱和，超过生长速度所需要的过量原子覆盖在生长表面，反而阻碍了各核之间的合并，影响了晶粒的生长、长大，使晶粒趋于变小[9]。

4.4.3 溅射功率对AlN薄膜性能的影响

溅射功率在AlN薄膜的沉积过程中是一个很重要的工艺参数，对薄膜的择优取向结构有很大影响[10,11]。溅射功率是决定溅射现象能否产生的重要因素之一，而且溅射功率的大小将影响到轰击靶材的离子的能量，从而影响靶材的溅射率。如果溅射功率太小，入射离子的能量达不到靶材的溅射阈值，就不能产生溅射现象。溅射功率不同，入射离子轰击靶材的能量也不同，从而影响了靶材的溅射率和溅射分子的平均逸出能量，这必然会使沉积得到的AlN薄膜的微观组构各有不同。因此，研究射频功率对AlN薄膜生长特性的影响有着重要意义。

本实验对在不同溅射功率条件下的样品进行了研究，样品的具体参数见表4-2（C）组。

图4-4是在不同溅射功率下Si衬底上沉积AlN薄膜的X射线衍射图，溅射功率为100~300W，其他实验条件为工作气压0.3Pa，衬底温度300℃，靶基距5cm，氩气流量40sccm，溅射时间60min。

从图4-4中可以看出，当功率小于200W时，没有出现任何衍射峰。可见，当溅射功率较小时，溅射出来的AlN能量较低，不易在

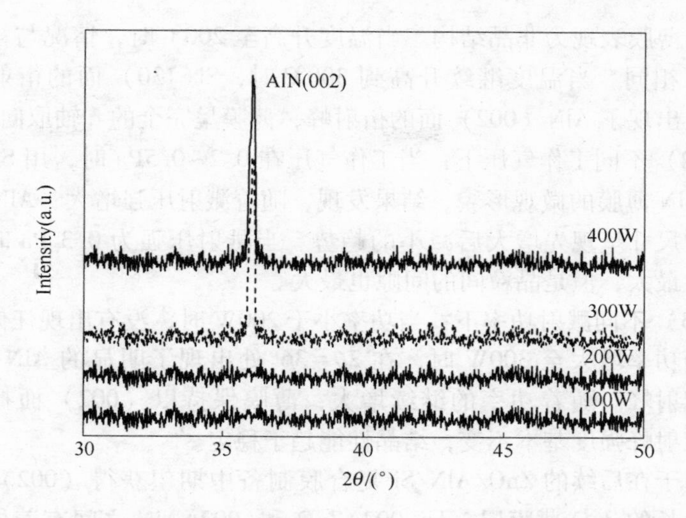

图 4-4 不同溅射功率下 Si 衬底上沉积 AlN 薄膜的 X 射线衍射图

衬底表面形成六方纤锌矿结构的 AlN 薄膜，即所形成的 AlN 薄膜为非晶状态。当功率增大至 300W 时，在 $2\theta = 36°$ 附近出现了明显的衍射峰，对应于 AlN 晶体的（002）晶面，说明此条件下具有活性的分子数目增多，而且分子在衬底表面的扩散速度增加，AlN 薄膜沿 c 轴择优取向。随着功率的继续增大，薄膜保持以（002）面择优取向，衍射峰强度基本不变，结晶性能趋于稳定。由此可见，随着功率的增大，溅射分子的数目和到达衬底表面时的动能都会增加，有足够的能量结晶，从而形成了完全 c 轴择优取向的 AlN 薄膜。

4.5 AlN 薄膜性能表征的分析总结

为了获得沿（002）择优取向生长的 ZnO 薄膜，我们制备了 AlN 缓冲层。本章主要探讨了射频磁控溅射制备 AlN 缓冲层的工艺，分析了衬底温度、工作气压以及溅射功率对薄膜结构的影响。

利用 XRD 和 SEM 分析方法对不同实验条件下合成的 AlN 薄膜进行了表征，得出如下结论：

（1）不同衬底温度下：当对衬底不加热时，在很宽的一个扫描范围内，除了出现 Si（130）面的衍射峰外，没有出现任何 AlN 的特征峰，薄膜表现为非晶结构。当温度升高至 200℃时，情况与衬底未加热时相同。当温度继续升高到 300℃时，Si(130) 面的衍射峰消失，只出现了 AlN（002）面的衍射峰，薄膜呈完全的 c 轴取向。

（2）不同工作气压下：当工作气压在 0.2~0.5Pa 时，用 SEM 观察了 AlN 薄膜的微观形貌，结果发现，随着溅射压强增大，AlN 薄膜的颗粒尺寸呈现先增大后减小的趋势。当溅射压强为 0.3 Pa 时，晶粒尺寸最大，但是晶粒间的间隙也最大。

（3）不同溅射功率下：当功率小于 200W 时，没有出现任何衍射峰。当功率增大至 300W 时，在 $2\theta=36°$ 处出现了明显的 AlN(002) 面的衍射峰。随着功率的继续增大，薄膜保持以（002）面择优取向，衍射峰强度基本不变，结晶性能趋于稳定。

由于在后续的 ZnO/AlN/Si 复合膜制备中期望获得（002）择优取向生长的 ZnO 薄膜层，且(002)ZnO 和(002)AlN 之间有着外延关系，故选择在 300℃、300W、0.3Pa 下制备的 AlN 薄膜作为缓冲层。

参考文献

[1] Xuck，Meng X L. Acoustic Surface Wave Apparatus and Its Application [M]. Beijing: Science Press, 1984.

[2] Tian M B，Liu D L. The Handbook of Science and Technology of Thin Films [M]. Beijing: Machine Industry Press, 1991.

[3] 戴达煌，周克裕，袁镇海，等. 现代材料表面技术科学 [M]. 北京：冶金工业出版社，2004.

[4] Kuan-Hsun Chiu，Jiam-Heng Chen，Hong-Ren Chen，et al. Deposition and characterization of reactive magnetron sputtered aluminum nitride thin films for film bulk acoustic wave resonator [J]. Thin Solid Films, 2007, 515: 4819~4825.

[5] Caliendo C，Imperatori P，Cianci E. Structural，Morphological and Acoustic Properties of AlN Thick Films Sputtered on Si(001) and Si(111) Substrates at Low Temperature [J]. Thin Solid Film S, 2003, 441: 32237.

[6] 李瑞霞. 氮化铝薄膜制备及性能研究 [D]. 成都：西华大学，2009.

[7] 徐娜. 适用于多层膜高频 SAW 器件的 AlN 薄膜制备与表征 [D]. 天津：天津理工大学，2007.

[8] 付光宗. 超薄 Al 膜和 AlN 薄膜的光学性质及相关问题的研究 [D]. 重庆：重庆大学，2006.

[9] 范晓玲. 磁控溅射法制备 ZnO 薄膜及光电导探测器的研制 [D]. 淄博：山东理工大

学，2010.

[10] B Wang，Y N Zhao，Z He. The effects of deposition parameters on the crystallographic orientation of AlN films prepared by RF reactive sputtering [J]. Vacuum，1997，48 (5)：427~429.

[11] Wang Bo，Wang Mei，Wang Ruzhi，et al. The growth of AlN films composed of silkworm-shape grains and the orientation mechanism [J]. Mater Lett，2002，53 (4~5)：367~370.

5 ZnO 薄膜的制备与性能表征

5.1 引言

ZnO 薄膜的制备工艺参数对其结构与光电性能影响很大，从而影响到利用 ZnO 制作光电器件的性能，已经有很多学者致力于这方面的研究。相同的工艺参数用于不同的镀膜仪器也会得到不同性能的薄膜。因此，要沉积某一性能较好的样品，就要对特定仪器的工艺参数进行大量的探索与研究[1]。目前，ZnO 薄膜的生长研究主要从衬底温度、溅射功率、腔室气氛以及薄膜掺杂等几个方面入手，通过优化淀积参数得到具有理想光电性能的薄膜[2]。

为了避免直流反应溅射时出现的靶中毒现象，本章采用射频磁控溅射法，并用 ZnO 陶瓷靶材制备 ZnO 薄膜，研究了衬底温度、工作气压以及溅射功率对 ZnO 薄膜的影响，并对结构、表面形貌和电学特性进行了表征分析。

5.2 ZnO 薄膜的制备

5.2.1 实验装置

本实验所用的制膜设备是沈阳天成真空技术有限责任公司生产的多靶磁控溅射仪，实验装置同图 4-1。

5.2.2 衬底的预处理

由于薄膜样品的厚度都很薄，所以衬底表面的平整度、清洁度都会对所生长的薄膜造成影响。衬底表面的任何一点污物都会影响薄膜材料的生长情况及其性能。由此可见，衬底的清洗是十分重要的。本实验所采用的衬底为 Si(100)，清洗衬底的过程如下：

（1）丙酮超声清洗 10min；

（2）乙醇超声清洗 20min 后，去离子水反复冲洗，用干燥 N_2 吹干；

（3）在 $H_2SO_4 : H_3PO_4 = 3 : 1$ 的混合液中 160℃ 条件下腐蚀 15min；

（4）最后用去离子水冲洗，并用干燥的 N_2 吹干；

（5）将吹干后的样品放入真空室。当真空室本底真空达到 5×10^{-4}Pa 后，通入氩气（99.999%）作为溅射气体。

5.2.3 样品制备工艺参数

实验所用直径为 60mm，厚度为 5mm 的 ZnO（99.99%）陶瓷靶材。考虑到主要工艺参数对实验的影响，根据实验的具体情况，确定的工艺参数见表 5-1。

表 5-1 制备 ZnO 薄膜的工艺参数

编 号	（A）组	（B）组	（C）组
靶材	纯 ZnO(99.99%)靶	纯 ZnO(99.99%)靶	纯 ZnO(99.99%)靶
溅射气体（Ar_2）	50sccm	50sccm	50sccm
射频功率	300W	300W	100~400W
工作气压	0.4Pa	0.2~0.5Pa	0.4Pa
衬底	Si(100)	Si(100)	Si(100)
衬底温度	RT(室温)~300℃	250℃	250℃
靶基距	4cm	4cm	4cm
溅射时间	50min	50min	50min

5.2.4 制备 ZnO 薄膜的实验步骤

制备 ZnO 薄膜的实验步骤如下：

（1）将处理后的衬底放入真空室中的样品托上，关闭所有阀门；

（2）启动机械泵 2，将 35 号角阀打开，对真空室进行粗抽真空；

（3）待真空室内的气压为 20Pa 时，开启分子前级泵，当真空室内气压值与分子泵真空计显示的气压值之差小于 20Pa 时，通冷却水，关闭 35 号角阀，关闭机械泵 2；

（4）开启分子泵电源，打开闸板阀，对真空室进行抽高真空；

（5）通入适量高纯度工作气体，根据实验设计，用质量流量计调节所需气体比例；

（6）调节闸板阀，将气压调整到所需的工作气压，开控温仪，加热衬底到设定温度；

（7）开启射频电源，在真空室内起辉，以较低功率对靶材预溅射 10min；

（8）升高射频功率到实验设计值，开始沉积薄膜；

（9）维持溅射条件至下一个溅射条件；

（10）待所有样品都溅射完后关射频源，停止起辉；

（11）镀膜结束前 5min，先将气瓶大阀关闭，到时间后，调节氩气输出阀，清洗管道残余气体，关闭扩散泵，5min 后关机械泵；

（12）关冷却水，关闭电源；

（13）自然冷却至室温，取出样品。

5.3　工艺参数对 ZnO 薄膜性能的影响

本章以抛光 Si(100)片作为基片，采用磁控溅射方法进行 ZnO 薄膜制备技术的研究。通过优化工艺参数，成功地在 Si 衬底上制备出 c 轴择优取向的 ZnO 薄膜，并利用 XRD 对所制备的 ZnO 薄膜进行了表征，研究了衬底温度、溅射气压和溅射功率对 ZnO 薄膜性能的影响。本章所有 ZnO 薄膜样品的 XRD 测试均是利用 D/MAX-2200 型 X 射线衍射仪测试的。

5.3.1　衬底温度对 ZnO 薄膜性能的影响

采用磁控溅射法制备 ZnO 薄膜时，ZnO 薄膜的结晶取向受到许多因素的影响，其中衬底温度是对薄膜结晶取向影响较大的因素之一。为了得到高质量，高取向性的 ZnO 薄膜，对在不同衬底温度条件下的样品进行了研究。样品的具体参数见表 5-1（A）组。

图 5-1 是在不同衬底温度下 Si(100）衬底上沉积 ZnO 薄膜的 X 射线衍射图，衬底温度的范围是从室温（RT）至 300℃，其他实验条件为溅射气压 0.4Pa，溅射功率 300W，靶基距 4cm，氩气流量

50sccm，溅射时间 50min。

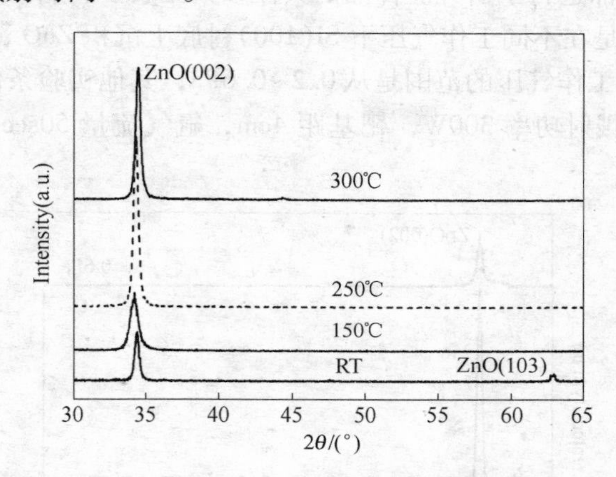

图 5-1 不同衬底温度下 Si 衬底上沉积 ZnO 薄膜的 X 射线衍射图

从图 5-1 中可以看出，当衬底温度从 RT 增大到 300℃的过程中，除了衬底未加热时样品出现了 ZnO(002)面和 ZnO(103)面的衍射峰外，其他温度下样品均只出现了 ZnO(002)面的衍射峰，薄膜呈完全的 c 轴取向。同时，随着衬底温度的升高，ZnO(002)面衍射峰的强度先增大后减小，当衬底温度在 250℃时衍射峰强度最大。这是由于在溅射镀膜过程中，衬底温度较低时，表面吸附原子的迁移率低，薄膜易于凝聚成一种多孔的非晶或微晶结构。较高的衬底温度有利于溅射分子在衬底表面的横向扩散，促进分子成核和晶粒生长，从而提高薄膜的结晶质量。随着温度进一步提高，分子的蒸发影响了薄膜的结晶和表面特性的进一步提高，因此当衬底温度达到 300℃时，衍射峰的幅度又明显下降。

5.3.2 工作气压对 ZnO 薄膜性能的影响

采用磁控溅射法制备 ZnO 薄膜时，与衬底温度一样，其中工作气压也是对薄膜结晶取向影响较大的因素之一。工作气压过低，气体分子数密度过小会影响辉光放电，导致灭辉。工作气压过高，气体分子平均碰撞几率增大，溅射分子的动能降低，靶材的散射损失也增大[3]。为了得到高质量，高取向性的 ZnO 薄膜，对在不同工作气压条件下的样品进行了研究。样品的具体参数见表 5-1（B）组。

图 5-2 是在不同工作气压下 Si(100)衬底上沉积 ZnO 薄膜的 X 射线衍射图，工作气压的范围是从 0.2~0.6Pa，其他实验条件为衬底温度 250℃，溅射功率 300W，靶基距 4cm，氩气流量 50sccm，溅射时间 50min。

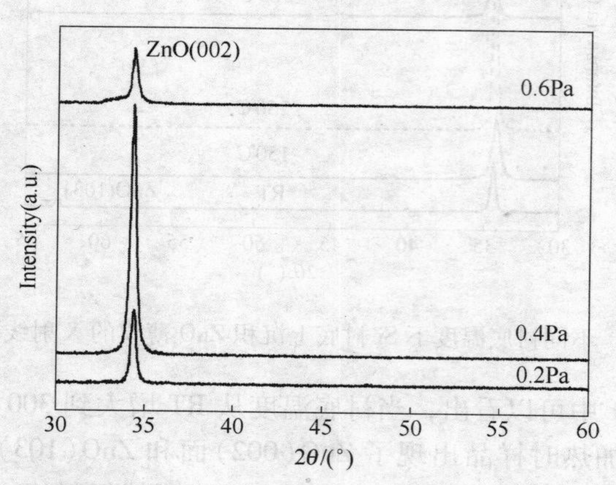

图 5-2 不同工作气压下 Si 衬底上沉积 ZnO 薄膜的 X 射线衍射图

从图 5-2 中可以看出，在很宽的一个扫描范围内，当工作气压从 0.2Pa 增大到 0.3Pa 的过程中，所有样品均只出现了 ZnO(002)面的衍射峰。这表明不同溅射气压下制备的 ZnO 薄膜都具有沿(002)晶面择优生长的特征。当气压从 0.2Pa 升至 0.4Pa 时，ZnO(002)面衍射峰明显增强。这是因为在低气压范围内，随着溅射气压的增大，溅射分子的密度增大，Ar^+被碰撞的几率也随之增大。虽然轰击靶材的入射分子密度增加，但其轰击靶材时能量减少，使得溅射率大大降低，溅射出的靶材分子密度随之减小。在一定的衬底温度下，吸附分子在衬底表面的扩散速度一定，由于靶材分子出射密度的减小，单位时间输送来的分子可以绝大部分扩散到生长速度较快的 ZnO(002)面并结晶，所以 ZnO(002)面择优取向增强。随着气压进一步升高，到 0.6Pa 时，溅射原子到达衬底表面时没有足够的能量扩散到生长较快的 ZnO(002)面，ZnO(002)面不能完全占有与衬底平行的平面，因此峰强相对减小。

5.3.3 溅射功率对ZnO薄膜性能的影响

溅射功率是薄膜制备过程中非常重要的参数之一，溅射功率的选择对薄膜的性能具有重要的影响。溅射功率过低，溅射出的分子能量低，难以形成结晶性能好的薄膜，而且生长速率很低，甚至不能在衬底上形成薄膜。反之，溅射功率过高，容易发生二次溅射，使附着不牢的靶材分子从衬底上剥离，从而使薄膜的生长速率下降，化学计量比失衡。为了得到高质量，高取向性的ZnO薄膜，对在不同溅射功率条件下的样品进行了研究。样品的具体参数见表5-1（C）组。

图5-3是在不同溅射功率下Si(100)衬底上沉积ZnO薄膜的X射线衍射图，溅射功率的范围是100~400W，其他实验条件为衬底温度250℃，工作气压0.4Pa，靶基距4cm，氩气流量50sccm，溅射时间50min。

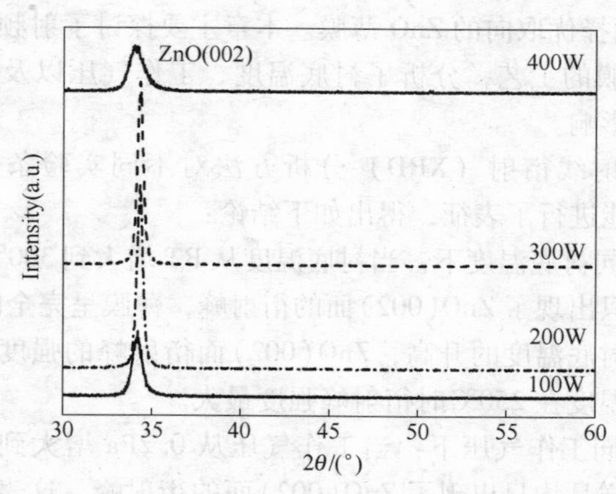

图5-3 不同溅射功率下Si衬底上沉积ZnO薄膜的X射线衍射图

从图5-3中可以看出，在很宽的一个扫描范围内，当溅射功率从100W增大到400W的过程中，所有样品均只出现了ZnO(002)面的衍射峰。说明在这个溅射功率范围内，所制备的ZnO薄膜都具有良好的(002)择优取向。这是由于ZnO在(002)面的生长能量较低，故薄膜一般易于沿(002)面生长[4]，而其他晶面的长大却受到抑制，薄膜呈c轴择优取向。但是我们可以进一步发现，随着溅射功率的增大，ZnO(002)面衍射峰的强度呈先增大后减小的趋势。这是由于功率较小时，氩离子能量较低，轰击出的被溅射出的 ZnO 分子被吸附于衬底上时，能量较低，没有足够的能量迁移到平衡位置，所以制备的 ZnO 薄膜缺陷较多，结晶性能较差，制备的薄膜具有较大的压应力。随着溅射功率的增大，被溅射出的 ZnO 分子被吸附于衬底时，能量逐渐升高，有利于迁移到平衡位置，利于薄膜的 c 轴择优取向，因此衍射峰强度增大。然而，功率太高，被吸附到衬底上的分子可能还来不及迁移到晶格，下一个分子就已经被吸附到了衬底上，沉积速率过快，因此破坏膜层组织结构，薄膜的 c 轴取向性下降，衍射峰强度减小。

5.4　ZnO 薄膜性能表征的分析总结

为了与后续 ZnO/AlN/Si 复合膜对比，我们在 Si(100) 衬底上制备了(002)面择优取向的 ZnO 薄膜。本章主要探讨了射频磁控溅射法制备 ZnO 薄膜的工艺，分析了衬底温度、工作气压以及溅射功率对薄膜结构的影响。

利用 X 射线衍射（XRD）分析方法对不同实验条件下合成的 ZnO 薄膜性能进行了表征，得出如下结论：

(1) 不同衬底温度下：当衬底温度从 RT 增大到 300℃ 的过程中，所有样品均只出现了 ZnO(002)面的衍射峰，薄膜呈完全的 c 轴取向。同时，随着衬底温度的升高，ZnO(002)面衍射峰的强度先增大后减小，当衬底温度在 250℃ 时衍射峰强度最大。

(2) 不同工作气压下：当工作气压从 0.2Pa 增大到 0.3Pa 的过程中，所有样品均只出现了 ZnO(002)面的衍射峰。这表明不同溅射气压下制备的 ZnO 薄膜都具有沿(002)晶面择优生长的特征。当气压从 0.2Pa 升至 0.4Pa 时，ZnO(002)面衍射峰明显增强。随着气压进一步升高，到 0.6Pa 时，ZnO(002)面衍射峰强度相对减小。

(3) 不同溅射功率下：当溅射功率从 100W 增大到 400W 的过程中，所有样品均只出现了 ZnO(002)面的衍射峰，而且 ZnO(002)面衍射峰的强度呈先增大后减小的趋势。

由于在后续的 ZnO/AlN/Si 复合膜制备中期望获得(002)择优取

向生长的 ZnO 薄膜层，综合本章讨论的不同制备参数，故我们选择 250℃、300W、0.4Pa 作为后续生长 ZnO/AlN/Si 复合膜和 ZnO/Si 单层膜的主要工艺参数。

参考文献

[1] 范晓玲．磁控溅射法制备 ZnO 薄膜及光电导探测器的研制［D］．淄博：山东理工大学，2010.

[2] 陈韬．ZnO 薄膜的制备及其晶体管性能研究［D］．上海：复旦大学，2007.

[3] 徐娜．适用于多层膜高频 SAW 器件的 AlN 薄膜制备与表征［D］．天津：天津理工大学，2007.

[4] 朱兴文．ZnO 薄膜制备及其光、电性能研究［D］．上海：上海大学，2006.

6 ZnO/AlN 复合膜的制备与性能表征

6.1 引言

ZnO 是一种具有广泛应用前景的半导体材料。ZnO 外延成膜的生长温度较低，有利于成膜，从而提高薄膜的质量。目前，硅片是微电子器件的核心材料，价格相对低廉，因而在硅片上实现高质量的 ZnO 薄膜外延生长具有诱人前景。但是，由于 Si 与 ZnO 的晶格失配度较大，线膨胀系数相差很多，难以实现高质量 ZnO 薄膜的外延生长，引入中间缓冲层是一个值得研究的方法[1]。本章在前文叙述的基础上，主要研究了射频磁控反应溅射制备 ZnO/AlN 双层膜的工艺、结构、形貌和电学性能。

6.2 ZnO/AlN 复合薄膜的制备

6.2.1 实验装置

本实验所用的制膜设备是沈阳天成真空技术有限责任公司生产的多靶磁控溅射仪，实验装置同图 4-1。

6.2.2 衬底的预处理

由于薄膜样品的厚度都很薄，所以衬底表面的平整度、清洁度都会对所生长的薄膜造成影响。衬底表面的任何一点污物都会影响薄膜材料的生长情况及其性能。由此可见，衬底的清洗是十分重要的。本实验所采用的衬底为 Si(100)，清洗衬底的过程如下：

（1）丙酮超声清洗 10min；

（2）乙醇超声清洗 20min 后，去离子水反复冲洗，用干燥 N_2 吹干；

（3）在 H_2SO_4 ∶ H_3PO_4 = 3 ∶ 1 的混合液中 160℃ 条件下腐

蚀 15min；

（4）最后用去离子水冲洗，并用干燥的 N_2 吹干；

（5）将吹干后的样品放入真空室。当真空室本底真空达到 5×10^{-4}Pa 后，通入氩气（99.999%）作为溅射气体。

6.2.3 样品制备工艺参数

实验所用直径为 60mm，厚度为 5mm 的 ZnO(99.99%）陶瓷靶和 AlN(99.99%）靶材。在第 4、5 章的基础上，综合各组的实验参数，得出了制备 AlN 过渡层和 ZnO 单层膜的最佳参数。由于在 ZnO/AlN 复合膜制备中，期望获得(002)择优取向生长的 ZnO 薄膜层，且 ZnO(002）和 AlN(002)之间有着外延关系，故选择 300℃、300W、0.3Pa 作为制备 AlN 缓冲层的主要工艺参数，选择 250℃、300W、0.4Pa 作为生长 ZnO/AlN 复合膜和 ZnO 单层膜的主要工艺参数，具体实验数据见表 6-1。

表 6-1 制备 ZnO/AlN 复合膜的工艺参数

编 号	（A）组	（B）组
靶材	纯 AlN(99.99%）靶	纯 ZnO(99.99%）靶
溅射气体（Ar_2）	40sccm	50sccm
射频功率	300W	300W
工作气压	0.3Pa	0.4Pa
衬底	Si(100)	Si(100）和（A）组得到的样品
衬底温度	300℃	250℃
靶基距	5cm	4cm
溅射时间	60min	50min

6.2.4 制备 ZnO/AlN 复合膜的实验步骤

制备 ZnO/AlN 复合膜的实验步骤如下：

（1）利用表 6-1（A）组的实验参数，制备一组 AlN 薄膜，以备表 6-1（B）组实验中使用；

（2）把（A）组得到的样品与清洗过的 Si(100)片放在真空室内

同一个样品托上，并利用表 6-1(B)组的实验参数，制备一组 ZnO 单层膜和 ZnO/AlN 复合膜。

详细过程如下：

(1) 将处理后的样品放入真空室中的样品托上，关闭所有阀门；

(2) 启动机械泵 2，将 35 号角阀打开，对真空室进行粗抽真空；

(3) 待真空室内的气压为 20Pa 时，开启分子前级泵，当真空室内气压值与分子泵真空计显示的气压值之差小于 20Pa 时，通冷却水，关闭 35 号角阀，关闭机械泵 2；

(4) 开启分子泵电源，打开闸板阀，对真空室进行抽高真空；

(5) 通入适量高纯度工作气体，根据实验设计，用质量流量计调节所需气体比例；

(6) 调节闸板阀，将气压调整到所需的工作气压，开控温仪，加热衬底到设定温度；

(7) 开启射频电源，在真空室内起辉，以较低功率对靶材预溅射 10min；

(8) 升高射频功率到实验设计值，开始沉积薄膜；

(9) 维持溅射条件至下一个溅射条件；

(10) 待所有样品都溅射完后关射频源，停止起辉；

(11) 镀膜结束前 5min，先将气瓶大阀关闭，到时间后，调节氩气输出阀，清洗管道残余气体，关闭扩散泵，5min 后关机械泵；

(12) 关冷却水，关闭电源；

(13) 自然冷却至室温，取出样品。

6.3　ZnO/AlN 复合膜与 ZnO 单层膜的对比

为了对 ZnO 单层膜和 ZnO/AlN 复合膜的结构、性能进行对比，用 X 射线衍射仪(XRD)分析了薄膜的结构，用原子力显微镜(AFM)观测了薄膜的表面形貌，用 HL5550 霍尔测试仪测试了薄膜的电学性能。

6.3.1　ZnO/AlN 复合膜与 ZnO 单层膜 XRD 测试对比

本章所有样品的 XRD 测试均是利用 D/MAX-2200 型 X 射线衍射

仪测试的。图 6-1 所示为有无 AlN 缓冲层 ZnO 薄膜的 XRD 衍射图谱，采用 Cu 为放射源，扫描衍射角 $2\theta = 30° \sim 60°$，单色光电压为 40kV，电流为 20mA。

由图 6-1 可见，在很宽的一个扫描范围内，有无缓冲层的 ZnO 薄膜都只有一个衍射峰，由 PDF 卡片中 ZnO 标准衍射峰可知，此峰是 ZnO(002)取向的衍射峰。这说明，在此条件下，无论有无缓冲层，ZnO 都会有高度的 c 轴择优取向。

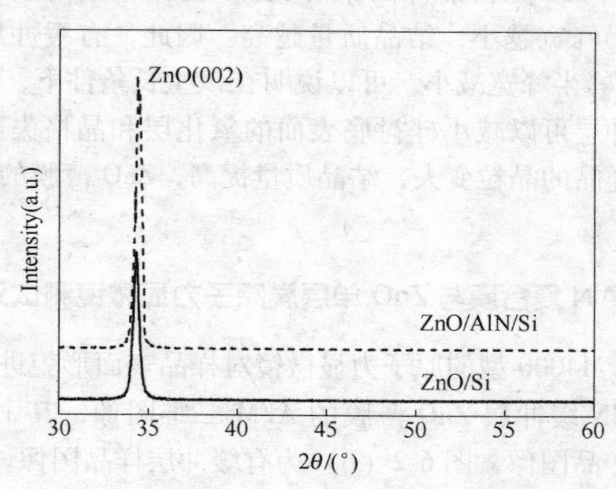

图 6-1 未引入 AlN 缓冲层和引入 AlN 缓冲层 ZnO 薄膜的 X 射线衍射图

为了进一步讨论 AlN 缓冲层对 ZnO 薄膜的影响，我们测试了有无缓冲层 ZnO 薄膜(002)衍射峰的 2θ 衍射角和半峰宽（FWHM），见表 6-2。

表 6-2 ZnO 和 ZnO/AlN 薄膜的 2θ 衍射角、衍射峰强度和半峰宽

样 品	2θ/(°)	衍射峰强度	半峰宽/(°)
无缓冲层（ZnO）	34.34	10012.33	0.375
有缓冲层（ZnO/AlN）	34.42	18376.67	0.301

由表 6-2 可知，加缓冲层后生长的 ZnO 衍射峰位更接近 ZnO 体材料的衍射峰位 34.421°，且峰强增大，半峰宽减小。2θ 接近 ZnO 的体峰，说明 AlN 缓冲层可以使 ZnO 晶粒更有利于沿着(002)方向择优

生长[2]。衍射峰强度增大说明增加缓冲层使 ZnO 晶粒更有利于沿着(002)方向择优生长。由于 AlN 的晶格常量比 ZnO 的小，因此在 AlN 上生长的 ZnO 层会产生压应力，这也在一定程度上平衡了生长或降温过程引起的张应力，有利于提高薄膜的高结晶质量，减少 ZnO 薄膜中的缺陷。

根据 Scherrer 方程 $D=0.9\lambda/\Delta\theta\cos\theta$（式中，$D$ 为晶粒的尺寸，λ 为 X-ray 波长，$\Delta\theta$ 为衍射峰的半峰宽，θ 为此衍射峰所对应的衍射角）可知，半峰宽越小，结晶质量越高。因此，有缓冲层的 ZnO 薄膜(002)衍射峰半峰宽减小，可以说明在该生长条件下，引入 AlN 缓冲层后，缓冲层可以减小硅衬底表面的氧化层和晶格失配对 ZnO 薄膜的影响，样品的晶粒变大，结晶质量提高，ZnO 薄膜的结晶质量得到明显改善[3]。

6.3.2 ZnO/AlN 复合膜与 ZnO 单层膜原子力显微镜测试对比

使用 CSPM4000 型的原子力显微镜对样品表面形貌进行观测。图 6-2 为有无 AlN 缓冲层 ZnO 薄膜的 AFM 二维图像，其中图 6-2（a）为无缓冲层样品图像，图 6-2（b）为有缓冲层样品图像。

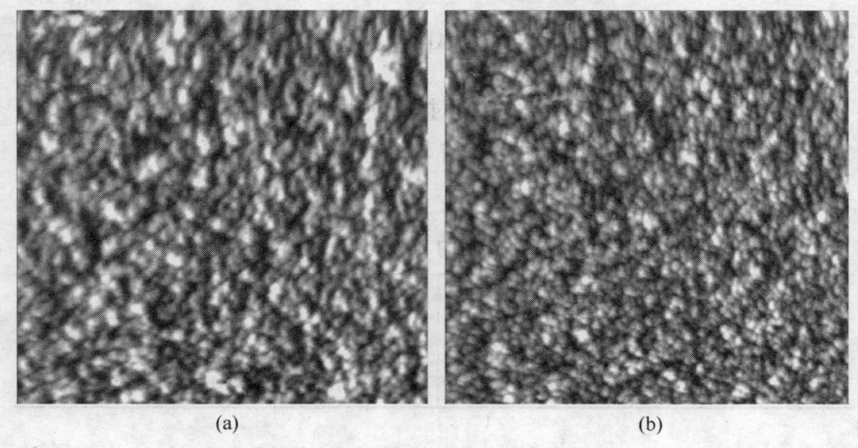

图 6-2 ZnO 与 ZnO/AlN 薄膜的 AFM 二维图像

(a) ZnO 薄膜；(b) ZnO/AlN 薄膜

薄膜的表面形貌和粗糙度问题一直是人们关注的研究课题，它是制备高质量薄膜器件的基础。图 6-2 是在 Si 衬底上引入缓冲层前后沉积的 ZnO 薄膜的 AFM 二维图像。从图中可以看出，未引入缓冲层生长的 ZnO 薄膜晶粒间存在大量的空隙，表面颗粒大小和形状也不是很规则，而在缓冲层上生长的 ZnO 晶粒膜面更光滑，结晶更致密。ZnO 和 ZnO/AlN 薄膜的粗糙度见表 6-3。由表 6-3 可知，无缓冲层膜的平均表面粗糙度为 20.5nm，均方根粗糙度为 24.4nm，有缓冲层膜的平均表面粗糙度为 12nm，均方根粗糙度为 15.5nm。可见引入 AlN 缓冲层后，由于 AlN 与 ZnO 具有相同的晶体结构，并且两者之间晶格常数与线膨胀系数相近，所以溅射时，在 AlN 缓冲层表面，溅射分子更易成核，使 ZnO 薄膜表面的均匀性和致密性得到了很大程度的改善，粗糙度更小。

表 6-3 ZnO 和 ZnO/AlN 薄膜的粗糙度

样 品	平均表面粗糙度（*Sa*）	均方根粗糙度（*Sq*）
无缓冲层（ZnO）	20.5 nm	24.4 nm
有缓冲层（ZnO/AlN）	12 nm	15.5 nm

6.3.3 ZnO/AlN 复合膜与 ZnO 单层膜电学参数及导电类型对比

本章所有样品的霍尔测试均采用范德堡方法，在 HL5550 霍尔测试仪上完成。表 6-4 为由霍尔测试仪测试有无 AlN 缓冲层 ZnO 薄膜样品的电学参数及导电类型。

表 6-4 ZnO 和 ZnO/AlN 薄膜的霍尔测试

样 品	电阻率/Ω·cm	体载流子浓度 /cm^{-3}	迁移率 /$cm^2\cdot(V\cdot s)^{-1}$	导电类型
无缓冲层（ZnO）	+6.1687E+01	+2.6112E+17	+1.4082E+00	n
有缓冲层（ZnO/AlN）	+3.7189E+01	+5.5835E+18	+2.1092E+00	n

从表 6-4 可以看出，有无缓冲层的 ZnO 薄膜均成 n 型导电，但是

有缓冲层的 ZnO 薄膜的体载流子浓度和迁移率都比无缓冲层的高，而有缓冲层的 ZnO 薄膜的电阻率却比无缓冲层的低。造成这种结果的原因，一方面，由于有缓冲层的 ZnO 薄膜 c 轴取向性变好，结晶质量变高，薄膜的晶粒尺寸增大，晶粒间界减少，晶界散射减少，晶界迁移率增大，导致薄膜的载流子的迁移率上升。另一方面，ZnO 薄膜的缺陷主要有锌空位、氧空位、锌填隙、氧填隙等。对于未掺杂的 ZnO 薄膜，锌填隙和氧空位等结构缺陷的浓度影响着 ZnO 的导电特性。引入 AlN 缓冲层后，因为 ZnO 和 AlN 的晶格失配度小，线膨胀系数接近，所以外延 ZnO 薄膜的结晶质量很高，薄膜内部的应力减小，位错、晶界缺陷等缺陷浓度低，电阻率小[1]。

6.4 ZnO/AlN 复合膜与 ZnO 单层膜的对比分析总结

本章利用前两章摸索的实验参数，制备了有缓冲层和无缓冲层的 ZnO 薄膜，并用测试手段比较了引入缓冲层和未引入缓冲层对 ZnO 薄膜的结构和电学特性的影响。通过实验发现，无论有无缓冲层，ZnO 都会有高度的 c 轴择优取向。但是，引入 AlN 缓冲层后，ZnO 薄膜样品的 X 射线衍射峰的半峰宽明显减小，2θ 角越接近 ZnO 体材料的衍射峰位，电阻率越低，说明 AlN 缓冲层的引入大大改善了 ZnO 薄膜的结构和电学性能。

参 考 文 献

[1] 巫邵波．ZnO/AlN 双层膜的制备与性能研究 [D]．合肥：合肥工业大学，2007.

[2] 宗磊，李清山，李新坤，等．AlN 缓冲层对 ZnO 薄膜质量的影响 [J]．物理实验，2008 (10)：15~19.

[3] 向嵘，王新，姜德龙，等．基于氧化铝缓冲层的 Si 基 ZnO 薄膜研究 [J]．兵工学报，2008 (8)：1064~1066.

7 不同溅射时间下 AlN 缓冲层对 ZnO 薄膜的影响

7.1 引言

本章采用射频磁控溅射[1]技术，通过对薄膜生长工艺的摸索，研究总结不同溅射时间下 AlN 缓冲层对 ZnO 薄膜的影响，完善其制备工艺，提高 ZnO 薄膜质量，从而改善实用化器件的光电性能。

7.2 AlN 薄膜、ZnO/AlN 复合薄膜的制备

7.2.1 实验装置

本实验所用的制膜设备是沈阳天成真空技术有限责任公司生产的多靶磁控溅射仪，实验装置同图 4-1。

7.2.2 衬底的预处理

由于薄膜样品的厚度都很薄，所以衬底表面的平整度、清洁度都会对所生长的薄膜造成影响。衬底表面的任何一点污物都会影响薄膜材料的生长情况及其性能。由此可见，衬底的清洗是十分重要的。本实验所采用的衬底为 Si(100)，清洗衬底的过程如下：

（1）丙酮超声清洗 10min；

（2）乙醇超声清洗 20min 后，去离子水反复冲洗，用干燥 N_2 吹干；

（3）在 $H_2SO_4:H_3PO_4=3:1$ 的混合液中 160℃ 条件下腐蚀 15min；

（4）最后用去离子水冲洗，并用干燥的 N_2 吹干；

（5）将吹干后的样品放入真空室，当真空室本底真空达到 5×10^{-4}Pa 后，通入氩气（99.999%）作为溅射气体。

7.2.3 样品制备工艺参数

实验所用直径为 60mm，厚度为 5mm 的 ZnO（99.99%）陶瓷靶和 AlN（99.99%）靶材。实验分两大步骤，具体参数见表 7-1。

表 7-1 制备 ZnO/AlN 复合膜的工艺参数

编 号	（A）组	（B）组
靶材	纯 AlN(99.99%) 靶	纯 ZnO(99.99%) 靶
溅射气体（Ar_2）	40sccm	50sccm
射频功率	300W	300W
工作气压	0.3Pa	0.4Pa
衬底	Si(100)	（A）组得到的样品
衬底温度	300℃	250℃
靶基距	5cm	4cm
溅射时间	0~120min	50min

7.2.4 制备 AlN 薄膜和 ZnO/AlN 复合膜的实验步骤

制备 AlN 薄膜和 ZnO/AlN 复合膜的实验步骤如下：

（1）利用表 7-1（A）组实验参数，制备了 1~4 块样品，样品编号分别为样品 1（0min）、样品 2（30min）、样品 3（60min）和样品 4（90min）；

（2）在步骤（1）的基础上，利用表 7-1（B）组实验参数，制备了四块 ZnO/AlN 复合膜，样品编号还是分别为样品 1、样品 2、样品 3 和样品 4。

详细过程如下：

（1）将处理后的样品放入真空室中的样品托上，关闭所有阀门；

（2）启动机械泵 2，将 35 号角阀打开，对真空室进行粗抽真空；

（3）待真空室内的气压为 20Pa 时，开启分子前级泵，当真空室内气压值与分子泵真空计显示的气压值之差小于 20Pa 时，通冷却水，关闭 35 号角阀，关闭机械泵 2；

（4）开启分子泵电源，打开闸板阀，对真空室进行抽高真空；

（5）通入适量高纯度工作气体，根据实验设计，用质量流量计调节所需气体比例；

（6）调节闸板阀，将气压调整到所需的工作气压，开控温仪，加热衬底到设定温度；

（7）开启射频电源，在真空室内起辉，以较低功率对靶材预溅射 10min；

（8）升高射频功率到实验设计值，开始沉积薄膜；

（9）维持溅射条件至下一个溅射条件；

（10）待所有样品都溅射完后关射频源，停止起辉；

（11）镀膜结束前 5min，先将气瓶大阀关闭，到时间后，调节氩气输出阀，清洗管道残余气体，关闭扩散泵，5min 后关机械泵；

（12）关冷却水，关闭电源；

（13）自然冷却至室温，取出样品。

7.3　不同溅射时间下 AlN 缓冲层对 ZnO 薄膜的影响

为了讨论不同溅射时间下 AlN 缓冲层对 ZnO 薄膜的影响，用 X 射线衍射仪（XRD）分析了薄膜的结构，用原子力显微镜（AFM）观测了薄膜的表面形貌，用 HL5550 霍尔测试仪测试了薄膜的电学性能。

7.3.1　表面形貌分析

使用 CSPM4000 型的原子力显微镜对样品表面形貌进行观测。图 7-1 为不同溅射时间下 AlN 缓冲层 ZnO 薄膜的 AFM 二维图像，其中（a）、（b）、（c）、（d）分别为 AlN 缓冲层溅射时间为 0min、30min、60min 和 90min 下 ZnO 薄膜的 AFM 二维图像。

从图 7-1 中可以看出，随着缓冲层溅射时间的增加，ZnO 粗糙度更小，结晶更致密，晶粒呈圆球密堆结构，膜面更光滑。可见，引入 AlN 缓冲层后，在 AlN 缓冲层表面溅射分子更易成核，更易于形成优质的 ZnO 薄膜。

从 AFM 图像中还可以进一步发现，当 AlN 缓冲溅射时间分别为 60min 和 90min 时，ZnO 薄膜粗糙度、膜面光滑度、晶粒大小几乎完

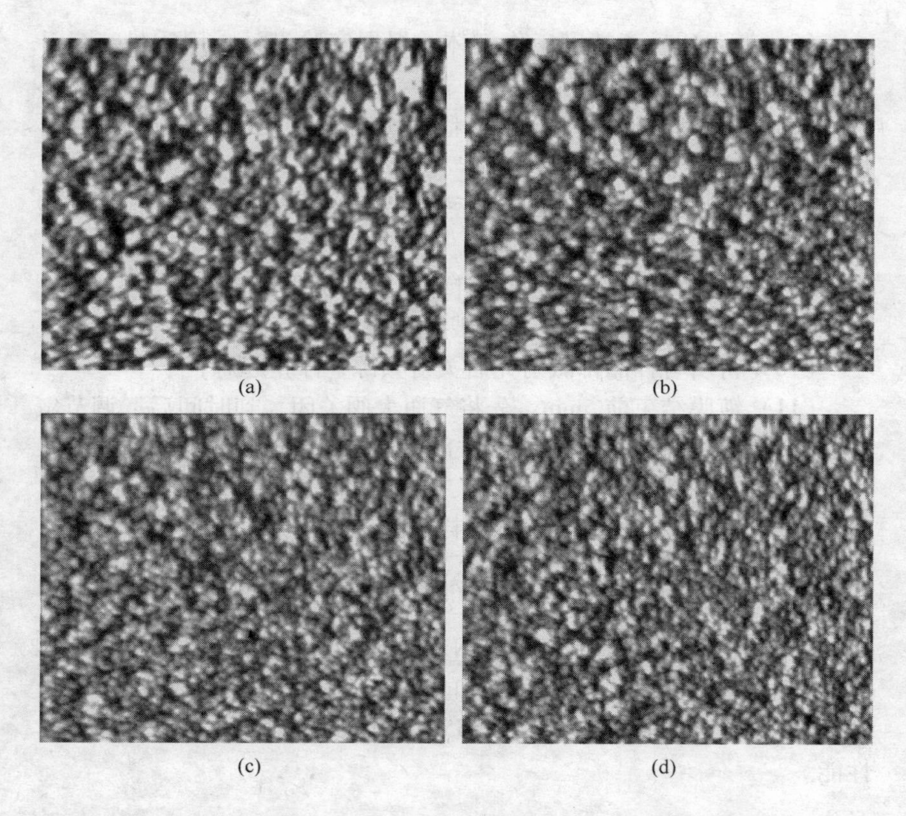

图 7-1 不同溅射时间下 AlN 缓冲层 ZnO 薄膜的 AFM 图像
(a)0min；(b)30min；(c)60min；(d)90min

全相同，分析造成这种结果的原因可能是由于当 AlN 缓冲层被溅射一定时间后，Si 衬底已经完全被缓冲层覆盖，外延生长的 ZnO 晶格结构此时完全受 AlN 缓冲层的影响，AlN 分子已经把晶粒间的空隙填满，即使再增加溅射时间，AlN 缓冲层在 Si 衬底上的生长结构已经成型，所以对外延生长的 ZnO 薄膜结构影响不大。因此，可以推测当溅射时间达到一定程度后，ZnO 薄膜的生长不再受 AlN 缓冲层厚度的影响。

表 7-2 是由 AFM 测出的不同溅射时间下 AlN 缓冲层 ZnO 薄膜的粗糙度参数。由表 7-2 分析结果可知，随着 AlN 缓冲层溅射时间的增

大，样品的 Sa 和 Sq 呈减小的趋势，但是当溅射时间分别为 60min 和 90min 时，两种粗糙度数值几乎相同。这说明，当溅射时间增大到一定程度时，AlN 缓冲层对 ZnO 外延生长的影响已经稳定，这与 AFM 图像得到的结论相符。

表 7-2 不同溅射时间下 AlN 缓冲层 ZnO 薄膜的粗糙度

样 品	平均表面粗糙度（Sa）	均方根粗糙度（Sq）
样品 1	20.5 nm	24.4 nm
样品 2	17 nm	20.9nm
样品 3	12 nm	15.5 nm
样品 4	12 nm	15.4 nm

7.3.2 XRD 测试分析

本章所有样品的 X 射线衍射（XRD）测试均是利用 D/MAX-2200 型 X 射线衍射仪测试的。图 7-2 为不同溅射时间下 AlN 缓冲层 ZnO 薄膜的 XRD 衍射图谱，采用 Cu 为放射源，扫描衍射角 $2\theta=30°\sim65°$，单色光电压为 40kV，电流为 20mA。

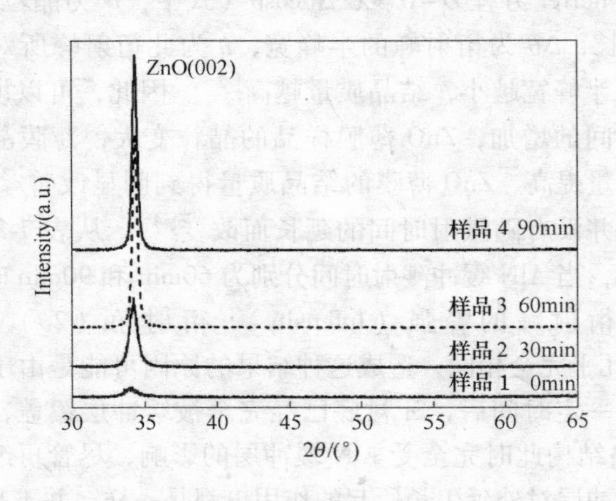

图 7-2 不同溅射时间下 AlN 缓冲层 ZnO 薄膜的 XRD 衍射图谱

由图 7-2 可见，在很宽的一个扫描范围内，有无缓冲层的 ZnO 薄膜都只有一个衍射峰，由 PDF 卡片库可知，此峰是 ZnO(002)取向的衍射峰。这说明，在此条件下，无论有无缓冲层，ZnO 都会有高度的 c 轴择优取向。

为了进一步讨论 AlN 缓冲层对 ZnO 薄膜的影响，我们测试了不同溅射时间下 AlN 缓冲层 ZnO 薄膜(002)衍射峰的峰强（Intensity）、衍射角（2θ）和半峰宽（FWHM），见表 7-3。

表 7-3　不同溅射时间下 AlN 缓冲层 ZnO 薄膜的 2θ 衍射角、衍射峰强度和半峰宽

样　品	2θ/(°)	衍射峰强度	半峰宽/(°)
样品 1	34.3	9998	0.377
样品 2	34.36	123027	0.372
样品 3	34.42	18446.67	0.301
样品 4	34.42	18447	0.301

由表 7-3 可见，随着缓冲层溅射时间的增加，ZnO 薄膜的衍射峰位更接近 ZnO 体材料的衍射峰位 34.421°，衍射强度增强，半峰宽减小。根据 Scherrer 方程 $D=0.9\lambda/\Delta\theta\cos\theta$（式中，$D$ 为晶粒的尺寸，λ 为 X-ray 波长，$\Delta\theta$ 为衍射峰的半峰宽，θ 为此衍射峰所对应的衍射角）可见，半峰宽越小，结晶质量越高[2]。因此，可以说明随着缓冲层溅射时间的增加，ZnO 薄膜样品的晶粒变大，薄膜晶格畸变减小，结晶质量提高，ZnO 薄膜的结晶质量得到明显改善[3]，而薄膜的生长取向并没有随溅射时间的延长而改变[4]。从表 7-3 中还可以进一步发现，当 AlN 缓冲溅射时间分别为 60min 和 90min 时，ZnO 薄膜（002）衍射峰的峰强（Intensity）、衍射角（2θ）和半峰宽（FWHM）几乎完全相同，造成这种结果的原因可能是由于当 AlN 缓冲层被溅射一定时间后，Si 衬底已经完全被缓冲层覆盖，外延生长的 ZnO 晶格结构此时完全受 AlN 缓冲层的影响，尽管再继续增加溅射时间，缓冲层对外延生长所起的作用也都是一样，并不是随着溅射时间的增加而无休止的变化。因此，从缓冲层溅射时间分析，AlN 溅射 60min 时的 ZnO 薄膜性能最好。

7.3.3 霍尔测试分析

本章所有样品的霍尔测试均采用范德堡方法，在 HL5550 霍尔测试仪上完成。表 7-4 为由霍尔测试仪测试不同溅射时间下 AlN 缓冲层 ZnO 薄膜样品的电学参数及导电类型。

表 7-4　不同溅射时间下 AlN 缓冲层 ZnO 薄膜样品的电学参数及导电类型

样　品	电阻率/Ω · cm	体载流子浓度/cm^{-3}	迁移率/cm^2 · (V · s)$^{-1}$	导电类型
样品 1（0min）	6. 1687 E+01	2. 6110 E+17	1. 4	n
样品 2（30min）	5. 4767 E+01	3. 3601 E+18	1. 7	n
样品 3（60min）	3. 7189 E+01	5. 5835 E+18	2. 1	n
样品 4（90min）	3. 9573 E+01	5. 3285 E+18	2. 0	n

由于 ZnO 中存在大量的本征缺陷，如锌间隙（Zn_i）、氧空位（V_O）和 H 等，而 Zn_i 和 V_O 在 ZnO 中呈现出施主的特性，所以本征 ZnO 通常呈现出 n 型[5]。从表 7-4 中可以看出，无论有无 AlN 缓冲层的 ZnO 薄膜导电类型都是 n 型，而且其导电类型并没有随着 AlN 缓冲层溅射时间的增加而改变。有 AlN 缓冲层的 ZnO 薄膜，其电阻率明显低于无 AlN 缓冲层的 ZnO 薄膜。这是由于 ZnO 薄膜的缺陷主要有锌空位、锌填隙、氧空位、氧填隙等。对于未掺杂的 ZnO 薄膜，氧空位和锌填隙等结构缺陷的浓度影响着 ZnO 的导电特性。引入 AlN 缓冲层后，因为 ZnO 和 AlN 的晶格失配度小，线膨胀系数相近，所以外延生长的 ZnO 薄膜结晶质量很高，薄膜内部的应力减小，位错、晶界缺陷等缺陷浓度低，电阻率减小。但是，从表中可以发现，随着缓冲层溅射时间的增加 ZnO 薄膜的导电性能并不是越来越好，当缓冲层溅射时间为 90min 时，ZnO 薄膜的导电性能反而下降，这可能是由于 AlN 厚度随着溅射时间的增加而增大，当增大到一定程度后，由于 AlN 本身是绝缘的，所以会对 ZnO 薄膜的导电性有一定的影响[6]，因此才会出现表 7-4 中的情况。

从以上对不同溅射时间下 AlN 缓冲层 ZnO 薄膜样品的电学参数及导电类型的分析发现，AlN 缓冲层的厚度是对 ZnO 薄膜导电性有一定影响的重要因素之一。

7.4 不同溅射时间下 AlN 缓冲层对 ZnO 薄膜的影响分析总结

通过对不同溅射时间下 AlN 缓冲层对 ZnO 薄膜的结构、表面形貌和电学特性的影响分析发现，随着缓冲层溅射时间的增加，ZnO 薄膜依然呈 c 轴择优取向，X 射线衍射峰的半峰宽明显减小，2θ 角越接近 ZnO 体材料的衍射峰位，且粗糙度更小，晶粒呈圆球密堆结构，膜面更光滑，结晶更致密。当 AlN 缓冲溅射时间分别为 60min 和 90min 时，ZnO 薄膜粗糙度、膜面光滑度、晶粒大小几乎完全相同，而随着缓冲层溅射时间的增加，ZnO 薄膜的电阻率却先减小后增大。

以上研究表明 AlN 缓冲层的引入大大改善了 ZnO 薄膜的结构和电学性能，而且缓冲层的厚度是影响 ZnO 薄膜结构和电学特性的一项重要因素。

参考文献

[1] 李爽，王凤翔，付刚，等．射频磁控溅射制备 ZnO 光波导薄膜［J］．山东建筑大学学报，2010，25（1）：10~11.

[2] 赵祥敏，李敏君，张伟，等．磁控溅射制备 AlN 过渡层 ZnO 薄膜及其性能研究［J］．科技信息，2011（1）：52.

[3] 向嵘，王新，姜德龙，等．基于氧化铝缓冲层的 Si 基 ZnO 薄膜研究［J］．兵工学报，2008（8）：1064~1066.

[4] 巫邵波．ZnO/AlN 双层膜的制备与性能研究［D］．合肥：合肥工业大学材料科学与工程学院，2007.

[5] 王彬．磁控溅射法制备 ZnO 薄膜研究［D］．大连：大连理工大学物理与光电工程学院，2010.

[6] 赵祥敏．磁控溅射制备 AlN 过渡层 ZnO 薄膜及其性能研究［D］．牡丹江：牡丹江师范学院物理与电子工程学院，2011.

8 退火温度对 N 掺杂 ZnO 薄膜结构和电学性能的影响

8.1 引言

ZnO 作为一种宽带隙（禁带宽度为 3.37eV）的光电半导体材料，已在压敏变阻器、声表面波器件、气敏元件、紫外光探测等众多领域得到较为广泛的应用[1~5]。

由于 ZnO 薄膜的性能受生长和后处理工艺参数的影响[6~8]，尤其是退火工艺的影响较大，因此研究退火处理对 ZnO 薄膜结构及电学特性的影响具有十分重要的意义。用磁控溅射法制备 ZnO 薄膜的研究多见于沉积条件对薄膜生长的影响，而对后期退火处理影响薄膜生长与电学性质的研究却少见报道。为此，本章以 Si(100) 为衬底，采用射频磁控溅射技术在一定沉积条件下制备出 ZnO 薄膜，在不同退火温度下对 ZnO 薄膜进行退火处理，旨在探讨退火条件对 ZnO 薄膜结构组成、微观形貌及电学性能的影响，特别是对 ZnO 薄膜 p 型反转的影响。

8.2 退火处理模型

高质量 ZnO 薄膜材料，具有良好的结晶性能，如 c 轴择优取向、低的应力和高的表面平整度，符合 ZnO 基器件制作的要求，而制备高质量的 ZnO 薄膜，一直是 ZnO 研究中的一个难点问题，其中一个非常有效的方法是退火处理，但目前的退火研究都是在常压、较低温的环境下进行，并没有很系统的研究讨论。我们将射频溅射生成的 ZnO 薄膜在真空条件下退火处理，退火温度分别为 400℃、500℃、650℃、850℃，退火 1h，并随炉冷却至室温，系统的研究了真空退火对 ZnO 薄膜性能的影响。

退火过程中影响应力变化的可能因素主要包括：薄膜与衬底线膨

胀系数的不同，晶体的缺陷，薄膜与衬底的晶格失配。我们使用的衬底材料为 Si，虽然衬底与外延有一定的晶格失配度，且衬底与 ZnO 薄膜的线膨胀系数较大，但已有研究证明，晶格失配或线膨胀系数不同所产生的应变远远小于实验测得的数值，因此，ZnO 薄膜应力的变化主要是由晶体内缺陷的变化引起的。在吕建国的研究中，提出了一个较合理的 ZnO 薄膜的退火模型，包括应力模型和结构模型两个有机部分。他把在退火过程中，随温度的升高薄膜结构和应力的状态主要分为三部分（Zone Ⅰ -Zone Ⅲ），如图 8-1 所示，阐述了在三个退火温度区间经退火处理的薄膜特性。图 8-1 中 T_1 约为 $0.25T_M$，T_2 约为 $0.35T_M$。ZnO 熔点在 1975℃左右，T_1 和 T_2 值大约为 493℃和 697℃。

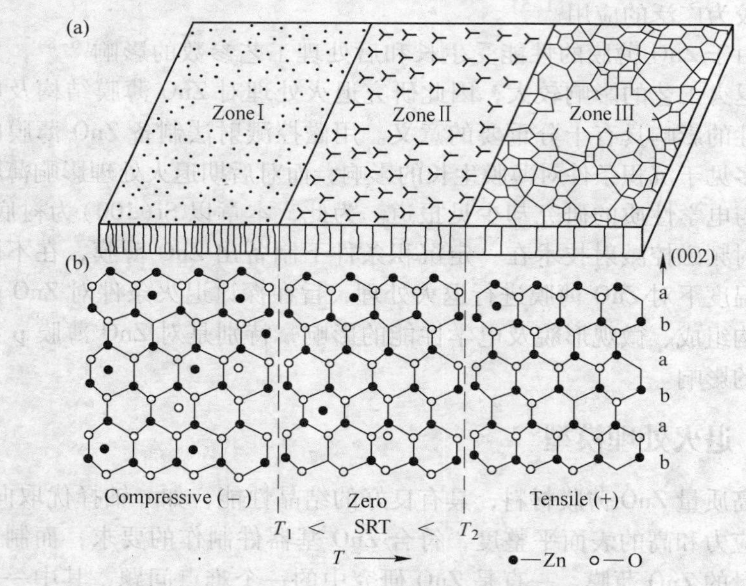

图 8-1　ZnO 薄膜的退火模型

（a）结构模型；（b）应力模型

其模型分析具体内容如下：第一部分 ZnO 薄膜在低温下热处理（$T< T_1$）时，ZnO 薄膜在低温退火中，并没有大量的原子扩散或迁移，其晶粒特征和表面形态同原位生长相比也没有太大的变化，六方柱状结构排列不够紧密，晶界较为模糊，只是薄膜的晶粒度和表面粗糙度有所增加，但十分缓慢，此时退火 ZnO 薄膜的模型如 Zone Ⅰ所

示。第二部分为 ZnO 薄膜在 $T_1<T<T_2$ 的温度下热处理时，在该温度区域进行退火处理，伴随着间隙原子或空位原子的大量消失或产生晶粒逐渐聚集长大，尺寸明显增加，排列渐趋致密而规则，c 轴取向显著增强，晶界清晰、自然，随着晶粒度的增加，表面粗糙度也增加较快，此时退火 ZnO 薄膜的模型如 Zone Ⅱ所示。第三部分 ZnO 薄膜在高温下退火（$T>T_2$）时，薄膜内原子具有了足够的能量，ZnO 晶格中出现了大量的空位缺陷（主要是 O），此时，薄膜的电阻率降低，薄膜也具有很大的应力，而且高温下退火，外延层和衬底线膨胀系数的不同对薄膜张应力的影响也显著起来。在高温热处理条件下，ZnO 会发生再结晶，较大的晶粒通过合并周围的小晶粒而异常长大，晶粒尺寸大小不一，薄膜表面变得甚为粗糙，但此时，ZnO 六方柱状晶粒会十分严格地垂直于衬底，薄膜具有很好的 c 轴取向，此时退火 ZnO 薄膜的模型如 Zone Ⅲ所示[9]。

根据上述分析我们知道只有在第二部分，薄膜中的间隙原子和空位原子均较少，ZnO 最接近于化学计量比，晶格缺陷也最少，薄膜平面应力处于松弛状态，具有很好的 c 轴取向，晶粒刚刚开始聚集长大，表面粗糙度较低。于是我们重点把退火温度范围设计在这一区域，希望制备出具有优良的性能的 ZnO 薄膜。

8.3 N 掺杂 ZnO 薄膜的制备

8.3.1 实验装置

（1）多靶磁控溅射仪。本实验所用的制膜设备是沈阳天成真空技术有限责任公司生产的多靶磁控溅射仪，实验装置同图 4-1。

（2）高真空烧结炉。高温真空烧结炉主要是通过真空获得系统，实现对真空室的预抽和高真空获得，为烧结材料提供高真空条件，通过加热系统加热，达到烧结的目的。本系统极限真空为 7×10^{-4} Pa，加热温度极限可达 1650℃。

8.3.2 衬底的预处理

由于薄膜样品的厚度都很薄，所以衬底表面的平整度、清洁度都会对所生长的薄膜造成影响。衬底表面的任何一点污物都会影响薄膜材料的生长情况及其性能。由此可见，衬底的清洗是十分重要的。本实验所采用的衬底为 Si(100)，清洗衬底的过程如下：

(1) 丙酮超声清洗 10min；

(2) 乙醇超声清洗 20min 后，去离子水反复冲洗，用干燥 N_2 吹干；

(3) 在 H_2SO_4 : H_3PO_4 = 3 : 1 的混合液中 160℃ 条件下腐蚀 15min；

(4) 最后用去离子水冲洗，并用干燥的 N_2 吹干；

(5) 将吹干后的样品放入真空室，当真空室本底真空达到 5×10^{-4}Pa 后，通入氩气（99.999%）作为溅射气体。

8.3.3 样品制备工艺参数

实验所用直径为 60mm，厚度为 5mm 的 ZnO（99.99%）陶瓷靶材。考虑到主要工艺参数对实验的影响，根据实验的具体情况，确定的工艺参数见表 8-1。

表 8-1 制备 N 掺杂 ZnO 薄膜的工艺参数

参　数	参 数 值
靶材	ZnO(99.99%)
溅射气体（N_2 : Ar_2）	10 : 50
射频功率	200W
工作气压	0.3Pa
衬底	Si(100)
衬底温度	300℃
靶基距	5cm
溅射时间	50min
真空退火时间	60min

8.3.4 制备 N 掺杂 ZnO 薄膜的实验步骤

制备 N 掺杂 ZnO 薄膜的实验步骤如下：

（1）将处理后的样品放入真空室中的样品托上，关闭所有阀门；

（2）启动机械泵2，将35号角阀打开，对真空室进行粗抽真空；

（3）待真空室内的气压为20Pa时，开启分子前级泵，当真空室内气压值与分子泵真空计显示的气压值之差小于20Pa时，通冷却水，关闭35号角阀，关闭机械泵2；

（4）开启分子泵电源，打开闸板阀，对真空室进行抽高真空；

（5）通入适量高纯度工作气体，根据实验设计，用质量流量计调节所需气体比例；

（6）调节闸板阀，将气压调整到所需的工作气压，开控温仪，加热衬底到设定温度；

（7）开启射频电源，在真空室内起辉，以较低功率对靶材预溅射10min；

（8）升高射频功率到实验设计值，开始沉积薄膜；

（9）维持溅射条件至下一个溅射条件；

（10）待所有样品都溅射完后关射频源，停止起辉；

（11）镀膜结束前5min，先将气瓶大阀关闭，到时间后，调节氩气输出阀，清洗管道残余气体，关闭扩散泵，5min后关机械泵；

（12）关冷却水，关闭电源；

（13）自然冷却至室温，取出样品。

取上述制备的5片样品进行后续处理，其中1片样品不进行退火处理，另4片样品分别在400℃、500℃、650℃、850℃温度条件下对样品进行退火1h后随炉冷却。未进行退火以及退火后的样品编号分别为a(未退火)、b(400℃)、c(500℃)、d(650℃) 和e(850℃)。

8.4 退火温度对N掺杂ZnO薄膜的影响

为了讨论退火温度对N掺杂ZnO薄膜的影响，我们用XRD分析了薄膜的结构，用AFM观测了薄膜的表面形貌，用HL5550霍尔测试仪测试了薄膜的电学性能。

8.4.1 XRD测试分析

本章所有ZnO薄膜样品的XRD测试均是利用D/MAX-2200型X

射线衍射仪测试的。不同退火温度下 ZnO 薄膜的 XRD 衍射图谱如图 8-2 所示，采用 Cu 为放射源，单色光电压为 40kV，电流为 20mA，扫描衍射角 $2\theta = 30° \sim 65°$[10]。由图 8-2 可见，所有样品都只有一个 ZnO（002）衍射峰，这说明无论有无真空退火处理，ZnO 薄膜都会有高度的 c 轴择优取向。从图 8-2 还可以看出，退火条件不同其生长程度也不同。当退火温度在 400℃ 和 500℃ 时，薄膜有明显的 c 轴取向生长优势，(002)晶面衍射峰的强度明显提高，这可能是因为在较高的退火温度下，粒子获得的迁移能量较高，有利于薄膜表面原子的扩散和粒子迁移到晶格位置，促进薄膜沿着能量较低的(002)面生长，从而提高薄膜的 c 轴取向；当退火温度高于 650℃ 时，虽然薄膜的 c 轴取向生长优势明显，但其(002)晶面衍射峰的强度呈明显下降趋势，这可能是退火温度过高薄膜开始发生重结晶或由于 ZnO 薄膜和 Si 衬底的线膨胀系数不匹配，使 ZnO 薄膜表面粗糙度变大，衍射峰强度明显下降。由此可见，退火温度对薄膜结构产生显著影响。

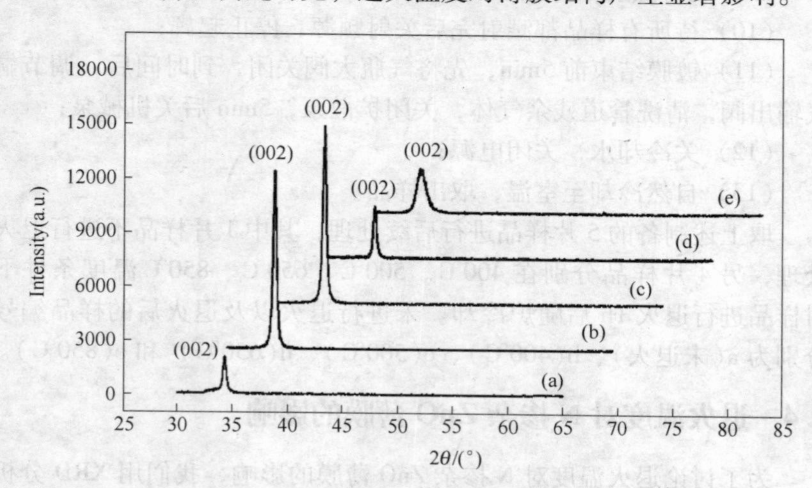

图 8-2　不同退火温度下 ZnO 薄膜的 XRD 衍射图谱

(a)未退火；(b)400℃；(c)500℃；(d)650℃；(e)850℃

为了进一步分析退火温度对 ZnO 薄膜的影响，我们测试了不同退火温度下 ZnO 薄膜(002)面衍射峰的峰强（Intensity）、衍射角（2θ）和半峰宽（FWHM），见表 8-2。

表 8-2 不同退火温度下 ZnO 薄膜的衍射角、衍射峰强度和半峰宽

样 品	2θ/(°)	单位衍射峰强度	半峰宽/(°)
a(未退火)	33.72	2465	0.378
b(400℃)	33.78	9963	0.343
c(500℃)	34.30	10101	0.301
d(650℃)	34.33	2470	0.427
e(850℃)	34.35	2134	0.475

由表 8-2 可见，随着退火温度的升高，薄膜的 XRD 峰值变强，半峰宽度变小，晶粒逐渐生长，经 500℃退火处理的薄膜的结晶状态最好，但随着退火温度过高，ZnO(002) 峰强度变弱，半峰宽度变大，表明薄膜晶粒开始团聚，结晶状态变差。同时我们也注意到，随着退火温度的升高，ZnO(002) 的衍射峰逐渐向大角度方向偏移，这可能是由于 N 掺杂 ZnO 中的 N 原子逐渐进入 O 的晶格位置而成为受主的缘故，因为 Zn—N 键的键长比 Zn—O 键的键长小，所以 N 原子替代晶格中的 O 原子会使样品的晶格常数变小。

由布拉格公式：$2d\sin\theta = n\lambda$。其中，d 为晶面间距，θ 为衍射半角，n 为衍射级数，λ 为所用靶材元素的波长。可知大量的 N 原子逐渐取代 O 的晶格位置形成受主，将导致 ZnO(002)的衍射峰向大角度偏移。

8.4.2 表面形貌分析

本章使用 CSPM4000 型的原子力显微镜对样品表面形貌进行观测。图 8-3 为不同退火温度下 ZnO 薄膜的 AFM 三维图像。表 8-3 为不同退火温度下 ZnO 薄膜的 AFM 相关数据。

如图 8-3 和表 8-3 所示，晶粒的尺寸受退火温度的影响较大。退火前薄膜晶粒细小，分布不均匀，晶界疏松，柱状晶粒不完全平行；退火后，随着退火温度的升高，晶粒尺寸逐渐增大，退火温度低于 500℃时样品均生长成了纯度很高，颗粒大小均匀，柱状晶粒取向性一致，排列整齐致密的 ZnO 薄膜。然而，退火温度到达一定的极限

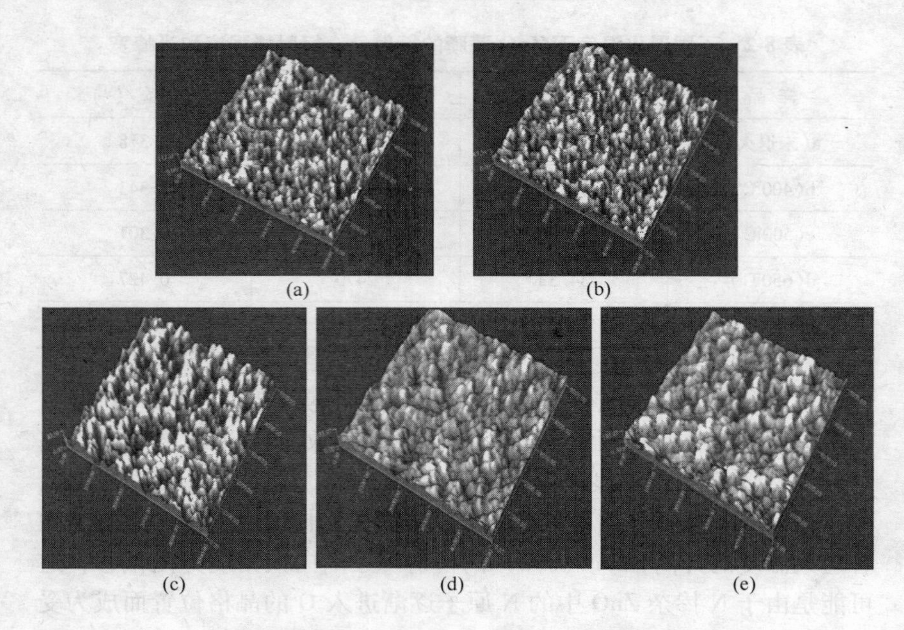

图 8-3　不同退火温度下 ZnO 薄膜的 AFM 三维图像

(a)未退火；(b)400℃；(c)500℃；(d)650℃；(e)850℃

表 8-3　不同退火温度下 ZnO 薄膜的 AFM 相关数据

样品	a(未退火)	b(400℃)	c(500℃)	d(650℃)	e(850℃)
Sa/nm	11.2	10.1	9.3	18.3	23.4
Sq/nm	15.3	13.7	11.7	15.7	16.3
粒度/nm	55.12	57.68	70.36	98.52	107.47

时，样品平均粒径的涨幅突然变大，面粗糙度相对较高。晶粒尺寸和粗糙度的这种变化趋势可以认为是随退火温度的升高，薄膜中的原子出现再结晶，使得晶粒慢慢长大，晶界变少，表面散射减少，因此可得到表面光滑的薄膜。但退火温度过高，一方面由于所提供的激活能使晶粒间发生质量传输与转移，使得微小晶粒相互融合形成更大的晶粒，晶体颗粒生长不规律，造成颗粒大小分布不均匀，引起薄膜的凹凸缺陷增加，薄膜表面的粗糙度提高；另一方面由于 ZnO 薄膜和 Si 衬底的线膨胀系数不匹配，此时张应力变得显著起来，使 ZnO 薄膜表面粗糙度变大。此结果与 XRD 分析相符。由此可见，退火温度对

薄膜结构产生显著影响。

8.4.3 霍尔测试分析

本章中所有样品的霍尔测试均采用范德堡方法，在HL5550霍尔测试仪上完成。不同退火温度下ZnO薄膜样品的电学性能见表8-4。

表8-4 不同退火温度下ZnO薄膜样品的电学性能

样品	电阻率/Ω·cm	体载流子浓度/cm^{-3}	迁移率/$cm^2 \cdot (V \cdot s)^{-1}$	导电类型
a(未退火)	+3.4175E+01	+4.1016E+16	+1.9802E+00	n
b(400℃)	+9.5437E+00	+1.4736E+17	+1.6724E+00	n
c(500℃)	+2.4573E+00	+9.1731E+17	+1.1228E+00	n
d(650℃)	+1.6138E+02	+3.8726E+14	+8.4687E+00	p
e(850℃)	+7.8689E+02	+8.1877E+14	+5.6415E+00	p

由表8-4可见，未退火以及经500℃以下退火的ZnO薄膜的载流子浓度增大，电阻率减小，导电类型是n型。

退火温度较低时，薄膜中晶粒尺寸较小，晶粒间界散射占主导地位；随着温度升高，薄膜中晶粒变大，减少了载流子的散射而使载流子迁移率增加，同时薄膜中氧空位浓度增加，薄膜中载流子浓度增加，从而降低了薄膜的电阻率。

当退火温度进一步升高，从结果可以看出，当退火温度低于500℃时没有实现p型转变，只有当温度升高到650℃和850℃时出现了p型转变。另外，在850℃退火后的薄膜虽然也实现了p型的转变，但电导率却有一定的下降，分析原因可能是由于过高的温度在消除注入引起的缺陷的同时也会使ZnO薄膜在高温下分解，氧原子逸出后可在薄膜表面留下较多氧空位，分解严重时甚至影响到体内的Zn、O原子浓度的平衡。因此，过高的温度下，本征点缺陷增多，自补偿效应显著增加，对p型转变反而不利。

由表8-4还可以看出，随着退火温度的增大，p型ZnO薄膜的空穴浓度增大，然而空穴迁移率则呈下降的趋势，这是因为一方面空穴浓度越高，薄膜中掺入的受主杂质就越多，室温下的杂质散射就越明显，所以引起载流子迁移率下降；另一方面载流子浓度增加，将会使载流子之间的碰撞加剧，引起载流子之间的散射加强，从而导致迁移率降低。因此，我们认为退火处理对样品的电学性能影响很大。

8.5 退火温度对N掺杂ZnO薄膜的影响分析总结

在这项研究中，通过退火温度对ZnO薄膜结构、表面形貌以及电学性能的影响分析发现，退火处理能改善ZnO薄膜的结晶质量，而且随着退火温度进一步升高，实现了ZnO由n型到p型的转变。退火温度为650℃时，制备的p型ZnO薄膜电学性能较好。然而，继续升高退火温度会使ZnO分解，从而产生更多的施主缺陷，薄膜的p型导电性能变差甚至又转变为n型导电。

参考文献

[1] Tang Z K, Wong G K L, Yu P. Room-temperature ultraviolet laser emission from self-assembled ZnO microcrystalline thin films [J]. Appl Phys Lett, 1998, 72 (25): 3270.

[2] Suvorova N A, Usov I O, Stan L, et al. Structural and optical properties of ZnO thin films by rf magnetron sputtering with rapid thermal annealing [J]. Appl Phys Lett, 2008, 92 (14): 141911.

[3] Huang Y J, Lo K Y, Liu C W, et al. Characterization of the quality of ZnO thin films using reflective second harmonic generation [J]. Appl Phys Lett, 2009, 95 (9): 91904.

[4] Hwang D, Kang S, Lim J, et al. p-ZnO/n-GaN hetero structure ZnO light-emitting diodes [J]. Appl Phys Lett, 2005, 86 (22): 222101.

[5] Liua H F, Chua S J, Hu G X, et al. Annealing effects on electrical and optical properties of ZnO thin-film samples deposited by radio frequency-magnetron sputtering on GaAs (001) substrates [J]. Appl Phys, 2007, 102 (6): 63507.

[6] Cihui Liu, Bixia Lin, Xiaoping Wang, et al. Thermal Annealing Effect on Characteristics of Surface Morphology and Ellipsom Etric of Zinc Oxide Film [J]. Chinese Journal of Lum Inescence, 2004, 25 (2): 151~155.

[7] Zebo Fang, Hengxiang Gong, Xueqin Liu, et al. Effects of Annealing on the Structure and Photolum Inescence of ZnO Films [J]. Acta Physica Sinica, 2003, 52 (7): 1748~1751.

[8] Deheng Zhang, Qingpu Wang, Zhongying Xue. Ultra Violet Photolum Inescence of ZnO Films on Different Substrates [J]. Acta Physica Sinica, 2003, 52 (6): 1484~1487.

[9] 吕建国，叶志镇，陈汉鸿，等. 直流反应磁控溅射生长p型ZnO薄膜及其特性研究 [J]. 真空科学与技术，2003 (1): 5~8.

[10] Xiangmin Zhao. Effects of the sputtering time of AlN buffer layer on the quality of ZnO thin films [J]. Advanced Materials Research, 881~883 (2014): 1117~1121.